国家示范校项目建设成果系列教材

液压与气压传动及技能训练

主　编　王　珍
副主编　刘思维
参　编　徐勇杰　刘伟桥

U0375296

中国科学技术大学出版社

内 容 简 介

本书介绍的实验主要采用德国 FESTO FluidSIM 液压与气动仿真软件以及实验设备，书中涉及的元件图形符号、回路以及系统原理图全部按照国家最新图形符号（GB/T 786.1—2009）绘制，并摘录于附录中。

本书分为理论知识、液压传动实验、气压传动实验三篇，可作为高职院校、中职学校的机械、自动化、数控等专业教材，也适用于各类成人高校及自学考试学生，还可作为工程技术人员的参考用书。

图书在版编目（CIP）数据

液压与气压传动及技能训练/王珍主编. —合肥：中国科学技术大学出版社，2016.8
ISBN 978-7-312-03578-4

Ⅰ.液… Ⅱ.王… Ⅲ.①液压传动—高等职业教育—教材②气压传动—高等职业教育—教材 Ⅳ.①TH137 ②TH138

中国版本图书馆 CIP 数据核字（2015）第 158803 号

出版 中国科学技术大学出版社
安徽省合肥市金寨路 96 号，230026
http://press.ustc.edu.cn
印刷 安徽国文彩印有限公司
发行 中国科学技术大学出版社
经销 全国新华书店
开本 787 mm×1092 mm 1/16
印张 13.75
字数 285 千
版次 2016 年 8 月第 1 版
印次 2016 年 8 月第 1 次印刷
定价 30.00 元

前　言

根据国家劳动和社会保障部《职业技能鉴定规范》的要求，本书精选了液压与气压传动教材及实验指导书中的经典实验，并重点结合德国FESTO FluidSIM的实验设备来编写。书中的理论和操作技能有机结合，图文并茂，形象直观，读者通过学习理论知识、操作技能实训和完成实验报告，能够有效地掌握书中介绍的知识和技能。

本书内容分为三篇。第一篇理论知识包括：液压传动基础知识、液压动力元件、液压执行元件、液压控制阀、辅助装置、液压基本回路、典型液压系统、气压传动基础知识、气源装置及气动元件、气动基本回路与常用回路；第二篇液压传动实验包括：卸荷回路、锁紧回路、溢流阀的二级调压回路、二级减压回路、差动连接的增速回路、三位四通电磁阀和调速阀调速回路、调速阀串联的二次进给回路、顺序回路、液压缸并联同步回路、平衡回路、液压综合实验——铣床快速进给回路；第三篇气压传动实验包括：气压互锁回路、送料装置回路、传送煤块的垂直活动支点臂机构回路、标杆上色机气动回路。

本书由马鞍山技师学院王珍任主编，并负责全书的统稿和定稿，刘思维编写第一章至第三章，徐勇杰编写第四章，马鞍山市双益机械制造有限公司刘伟桥编写第七章，其余内容由王珍编写，全书由魏敏主审。

本书在编写过程中，参考和借鉴了国内外同行的最新资料及成果，同时也得到了诸多专家的大力支持，在此一并表示衷心的感谢。

由于编者水平有限，书中的疏漏之处在所难免，恳请广大读者批评指正。

编　者

目　录

第二篇　液压传动实验

第三篇　气压传动实验

第一篇
理论知识

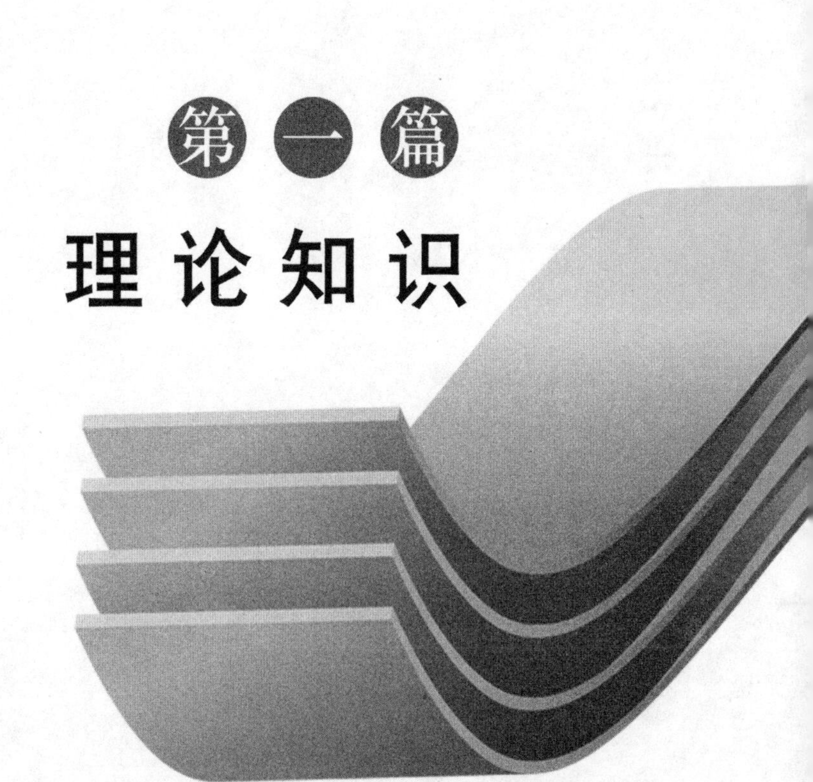

第一章 液压传动基础知识

第一节 液压传动发展概况

自18世纪末英国制成世界上第一台水压机算起，液压传动技术至今已有两百多年的历史，但直到20世纪30年代它才较普遍地用于起重机、机床及工程机械。在第二次世界大战期间，由于战争需要，出现了响应迅速、精度高的液压控制机构，装配于各种军事武器。第二次世界大战结束后，液压技术迅速转向民用工业，不断地应用于各种自动机及自动生产线。

20世纪60年代以后，液压技术随着原子能、空间技术、计算机技术的发展而迅速发展。因此，液压传动真正的发展也只是近五六十年的事。当前，液压技术正向迅速、高压、大功率、高效、低噪声、经久耐用、高度集成化的方向发展。同时，新型液压元件和液压系统的计算机辅助设计(CAD)、计算机辅助测试(CAT)、计算机直接控制(CDC)、机电一体化技术、可靠性技术等方面也是当前液压传动及控制技术的发展和研究方向。

我国的液压技术最初应用于机床和锻压设备上，后来又用于拖拉机和工程机械。随着从国外引进一些液压元件、生产技术以及自行设计液压元件，我国的液压元件现已形成了系列，并在各种机械设备上得到了广泛的使用。

一切机械都有其相应的传动机构，借助于它达到对动力进行传递和控制的目的。

机械传动：通过齿轮、齿条、蜗轮、蜗杆等机件直接把动力传送到执行机构的传递方式。

电气传动:利用电力设备,通过调节电参数来传递或控制动力的传动方式。

液压传动:利用液体静压力传递动力。

- 流体传动
  - 液体传动
    - 液压传动——利用液体静压力传递动力
    - 液力传动——利用液体的动能传递动力
  - 气体传动
    - 气压传动
    - 气力传动

第二节 液压传动的工作原理及其组成

一、液压传动的工作原理

液压传动的工作原理,可以用一个液压千斤顶的工作原理来说明。

图 1.1 是液压千斤顶的工作原理图。大油缸 9 和大活塞 8 组成举升液压缸。杠杆手柄 1、小油缸 2、小活塞 3、单向阀 4 和 7 组成手动液压泵。如提起手柄使小活塞向上移动,小活塞下端油腔容积增大,形成局部真空,这时单向阀 4 打开,通过吸油管 5 从油箱 12 中吸油。用力压下手柄,小活塞下移,小活塞下腔压力升高,单向阀 4 关闭,单向阀 7 打开,下腔的油液经管道 6 输入举升油缸 9 的下腔,迫使大活塞 8 向上移动,顶起重物。再次提起手柄吸油时,单向阀 7 自动关闭,使油液不能倒流,从而保证了重物不会自行下落。不断地往复扳动手柄,就能不断地把油液压入举升缸下腔,使重物逐渐地升起。如果打开截止阀 11,举升缸下腔的油液通过管道 10、截止阀 11 流回油箱,重物就向下移动。

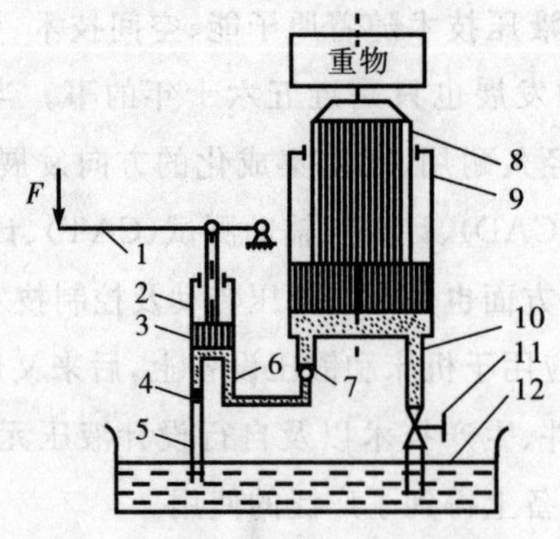

图 1.1 液压千斤顶工作原理图

1.杠杆手柄 2.小油缸 3.小活塞 4,7.单向阀 5.吸油管
6,10.管道 8.大活塞 9.大油缸 11.截止阀 12.油箱

这就是液压千斤顶的工作原理。

通过对上面液压千斤顶工作过程的分析，可以初步了解液压传动的基本工作原理。液压传动利用有压力的油液作为传递动力的工作介质。压下手柄时，小油缸 2 输出压力油，将机械能转换成油液的压力能；压力油经过管道 6 及单向阀 7，推动大活塞 8 举起重物，将油液的压力能又转换成机械能。大活塞 8 举升的速度取决于单位时间内流入大油缸 9 中油的多少。由此可见，液压传动是一个不同能量的转换过程。

二、液压传动系统的组成

液压千斤顶是一种简单的液压传动装置。下面分析一种机床工作台的液压传动系统。如图 1.2 所示，它由油箱、滤油器、液压泵、溢流阀、开停阀、节流阀、换向阀、液压缸以及连接这些元件的油管、接头组成。其工作原理如下：液压泵由电动机驱动后，从油箱中吸油。油液经滤油器进入液压泵，油液压力在泵腔中从入口低压变为出口高压，在图 1.2(a)所示状态下，通过开停阀、节流阀、换向阀进入液压缸左腔，推动活塞使工作台向右移动。这时，液压缸右腔的油经换向阀和回油管 6 排回油箱。

如果将换向阀手柄转换成如图 1.2(b)所示状态，则压力管中的油将经过开停阀、节流阀和换向阀进入液压缸右腔，推动活塞使工作台向左移动，并使液压缸左腔的油经换向阀和回油管 6 排回油箱。

工作台的移动速度是通过节流阀来调节的。当节流阀开大时，进入液压缸的油量增多，工作台的移动速度增大；当节流阀关小时，进入液压缸的油量减小，工作台的移动速度减小。为了克服移动工作台时所受到的各种阻力，液压缸必须产生一个足够大的推力，这个推力是由液压缸中的油液压力产生的。要克服的阻力越大，缸中的油液压力越高；反之，压力就越低。这种现象正说明了液压传动的一个基本原理——压力决定于负载。从机床工作台液压系统的工作过程可以看出，一个完整的、能够正常工作的液压系统，由以下五个主要部分组成：

(1) 能源装置，它是供给液压系统压力油，把机械能转换成液压能的装置。最常见的形式是液压泵。

(2) 执行装置，它是把液压能转换成机械能的装置。其形式有作直线运动的液压缸，有作回转运动的液压马达，它们又称为液压系统的执行元件。

(3) 控制调节装置，它是对系统中的压力、流量或流动方向进行控制或调节的装置。如溢流阀、节流阀、换向阀、开停阀等。

(4) 辅助装置，它是上述三部分之外的其他装置，例如油箱、滤油器、油管等。对于保证系统正常工作来说，其是必不可少的。

(5) 工作介质，它是传递能量的流体，即液压油等。

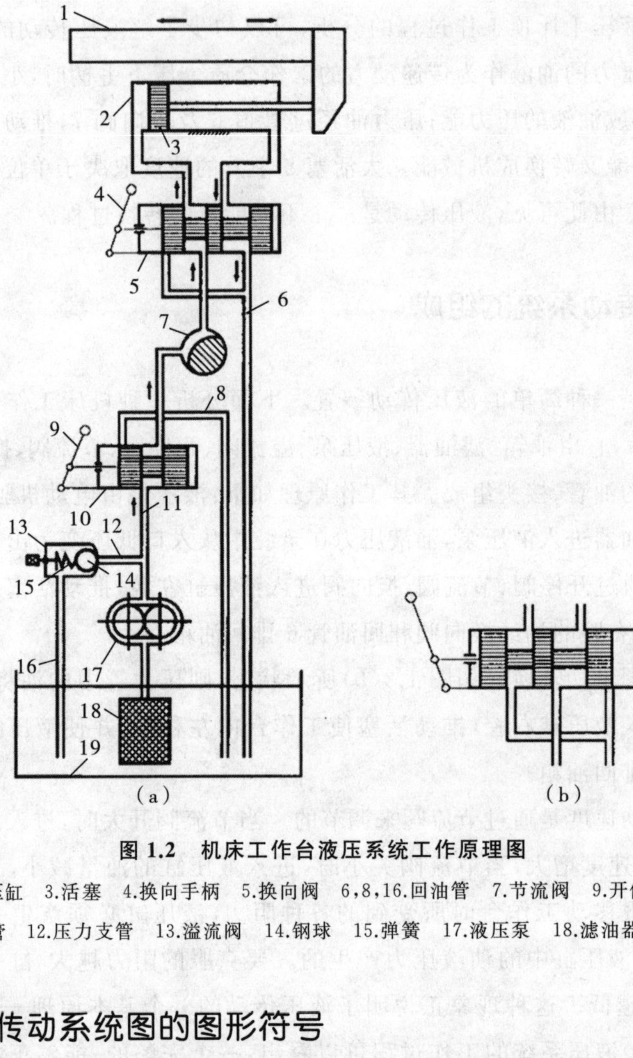

图 1.2 机床工作台液压系统工作原理图

1.工作台 2.液压缸 3.活塞 4.换向手柄 5.换向阀 6,8,16.回油管 7.节流阀 9.开停手柄 10.开停阀 11.压力管 12.压力支管 13.溢流阀 14.钢球 15.弹簧 17.液压泵 18.滤油器 19.油箱

三、液压传动系统图的图形符号

图 1.2 所示的液压系统是一种半结构式的工作原理图，它有直观性强、容易理解的优点，当液压系统发生故障时，根据原理图检查十分方便，但图形比较复杂，绘制比较麻烦。如图 1.3 所示，我国已经制定了一种用规定的图形符号来表示液压原理图中的各元件和连接管路的国家标准，即液压系统图形符号(GB/T786.1—2009)。在我国制定的液压系统图形符号(GB/T786.1—2009)中，对于这些图形符号有以下几条基本规定：

(1) 符号只表示元件的职能，连接系统的通路，不表示元件的具体结构和参数，也不表示元件在机器中的实际安装位置。

(2) 元件符号内的油液流动方向用箭头表示，线段两端都有箭头的，表示流动方向可逆。

(3) 符号均以元件的静止位置或中间零位置表示，当系统的动作另有说明时，可作例外。

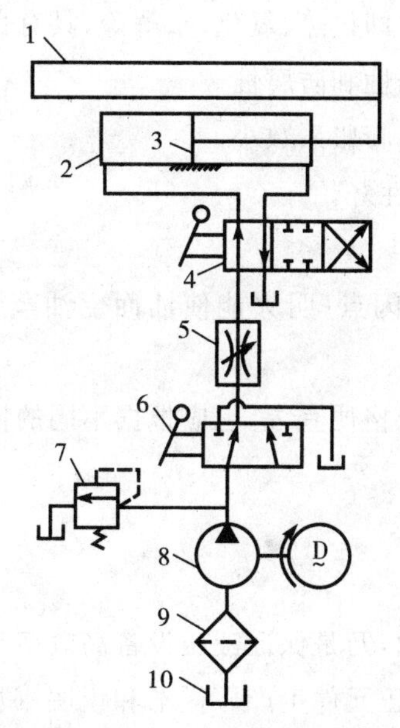

图 1.3 机床工作台液压系统的图形符号

1.工作台 2.液压缸 3.油塞 4.换向阀 5.节流阀 6.开停阀
7.溢流阀 8.液压泵 9.滤油器 10.油箱

第三节 液 压 油

液压油是液压传动系统中的传动介质,并且还对液压装置的机构、零件起着润滑、冷却和防锈作用。液压传动系统的压力、温度和流速在很大的范围内变化,所以液压油的质量优劣直接影响液压系统的工作性能。因此,合理地选用液压油也是很重要的。

一、液压系统对液压油的要求

液压油是液压传动系统的重要组成部分,是用来传递能量的工作介质。除了传递能量外,它还起着润滑运动部件和保护金属不被锈蚀的作用。液压油的质量及其各种性能将直接影响液压系统的工作。从液压系统使用油液的要求来看,有下面几点:

(1) 适宜的黏度和良好的黏温性能。一般液压系统所用的液压油,其黏度范围为

$$\nu = 11.5 \times 10^{-6} \sim 35.3 \times 10^{-6}\ \mathrm{m^2/s}$$

(2) 润滑性能好。在液压传动机械设备中,除液压元件外,其他一些有相对滑动的零件也要用液压油来润滑,因此,液压油应具有良好的润滑性能。为了改善液压油的润滑性能,可加入添加剂以增加其润滑性能。

(3) 良好的化学稳定性。即抗热、氧化、水解等,具有良好的稳定性。

(4) 对金属材料具有防锈性和防腐性。

(5) 比热、热传导率大,热膨胀系数小。

(6) 抗泡沫性好,抗乳化性好。

(7) 油液纯净,含杂质量少。

(8) 流动点和凝固点低,闪点(明火能使油面上油蒸气内燃,但油本身不燃烧的温度)和燃点高。

此外,对油液的无毒性、价格便宜等,也应根据不同的情况有所要求。

二、液压油的选用

正确而合理地选用液压油,乃是保证液压设备高效率正常运转的前提。

选用液压油时,可根据液压元件生产厂样本和说明书所推荐的品种号数来选用液压油,或者根据液压系统的工作压力、工作温度、液压元件种类及经济性等因素全面考虑,一般是先确定适用的黏度范围,再选择合适的液压油品种。同时还要考虑液压系统工作条件的特殊要求,如在寒冷地区工作的系统要求油的黏度指数高、低温流动性好、凝固点低;伺服系统则要求油质纯、压缩性小;高压系统则要求油液抗磨性好。在选用液压油时,黏度是一个重要的参数。黏度的高低将影响运动部件的润滑、缝隙的泄漏以及流动时的压力损失、系统的发热升温等。所以,在环境温度较高、工作压力高或运动速度较低时,为减少泄漏,应选用黏度较高的液压油,否则相反。

表 1.1 所示为常见液压油系列品种,液压油的牌号(即数字)表示在 40 ℃下油液运动黏度的平均值(单位为 cSt)。原名为液压油过去的牌号,其中的数字表示在 50 ℃时油液运动黏度的平均值。

总的来说,应尽量选用较好的液压油,虽然初始成本要高些,但由于优质油使用寿命长,对元件损害小,所以从整个使用周期看,其经济性要比选用劣质油好些。

表 1.1　常见液压油系列品种

种类	牌号		原名	用途
	油名	代号		
普通液压油	N_{32} 号液压油 N_{68} G 号液压油	YA - N_{32} YA - N_{68}	20 号精密机床液压油 40 号液压-导轨油	用于环境温度 0～45 ℃工作的各类液压泵的中、低压液压系统
抗磨液压油	N_{32} 号抗磨液压油 N_{150} 号抗磨液压油 N_{168} K 号抗磨液压油	YA - N_{32} YA - N_{150} YA - N_{168} K	20 号抗磨液压油 80 号抗磨液压油 40 号抗磨液压油	用于环境温度 －10～40 ℃工作的高压柱塞泵或其他泵的中、高压系统
低温液压油	N_{15} 号低温液压油 N_{46} D 号低温液压油	YA - N_{15} YA - N_{46} D	低凝液压油 工程液压油	用于环境温度低于 －20 ℃或高于 40 ℃工作的各类高压油泵系统
高黏度指数液压油	N_{32} H 号高黏度指数液压油	YD - N_{32} D		用于温度变化不大且对黏温性能要求更高的液压系统

三、液压油的污染与防护

液压油是否清洁，不仅影响液压系统的工作性能和液压元件的使用寿命，而且直接关系到液压系统能否正常工作。液压系统的多数故障与液压油受到的污染有关，因此控制液压油的污染是十分重要的。

（一）液压油被污染的原因

（1）液压系统的管道及液压元件内的型砂、切屑、磨料、焊渣、锈片、灰尘等污垢在系统使用前冲洗时未被洗干净，在液压系统工作时，这些污垢就进入液压油里。

（2）外界的灰尘、砂粒等，在液压系统工作过程中通过往复伸缩的活塞杆，随着流回油箱的漏油等进入液压油里。另外在检修时，稍不注意也会使灰尘、棉绒等进入液压油里。

(3) 液压系统本身也不断地产生污垢,并直接进入液压油里,如金属和密封材料的磨损颗粒,过滤材料脱落的颗粒或纤维以及油液因油温升高氧化变质而生成的胶状物等。

(二) 油液污染的危害

液压油污染严重时,直接影响液压系统的工作性能,使液压系统经常发生故障,使液压元件寿命缩短。造成这些危害的原因主要是污垢中的颗粒。对于液压元件来说,由于这些固体颗粒进入元件里,会使元件的滑动部分磨损加剧,并可能堵塞液压元件里的节流孔、阻尼孔,或使阀芯卡死,从而造成液压系统的故障。水分和空气的混入使液压油的润滑能力降低并加速其氧化变质,产生气蚀,使液压元件加速腐蚀,导致液压系统出现振动、爬行等现象。

(三) 防止污染的措施

造成液压油污染的原因多而复杂,液压油自身又在不断地产生脏物,因此要彻底解决液压油的污染问题是很困难的。为了延长液压元件的寿命,保证液压系统可靠地工作,将液压油的污染度控制在某一限度以内是较为切实可行的办法。液压油的污染控制工作主要从两个方面着手:一是防止污染物侵入液压系统;二是把已经侵入的污染物从系统中清除出去。污染控制要贯穿于整个液压装置的设计、制造、安装、使用、维护和修理等各个阶段。

为防止油液污染,在实际工作中应采取如下措施:

1. 使液压油在使用前保持清洁

液压油在运输和保管过程中都会受到外界污染,新买来的液压油看上去很清洁,其实很“脏”,必须将其静放数天,再经过滤后加入液压系统中。

2. 使液压系统在装配后、运转前保持清洁

液压元件在加工和装配过程中必须清洗干净,液压系统在装配后、运转前应彻底进行清洗,最好用系统工作中使用的油液清洗,清洗时油箱除通气孔(加防尘罩)外必须全部密封,密封件不可有飞边、毛刺。

3. 使液压油在工作中保持清洁

液压油在工作过程中会受到环境污染,因此应尽量防止工作中空气和水分的侵入,为了消除水、气和污染物的侵入,采用密封油箱,通气孔上加空气滤清器,防止尘土、磨料和冷却液侵入,经常检查并定期更换密封件和蓄能器中的胶囊。

4. 采用合适的滤油器

这是控制液压油污染的重要手段。应根据设备的要求,在液压系统中选用不同过滤方式、不同精度和不同结构的滤油器,并要定期检查和清洗滤油器和油箱。

5. 定期更换液压油

更换新油前,油箱必须先清洗一次,系统较脏时,可用煤油清洗,排尽后注入新油。

6. 控制液压油的工作温度

液压油的工作温度过高对液压装置不利,液压油本身也会加速变质,产生各种生成物,缩短它的使用期限,一般液压系统的工作温度最好控制在65 ℃以下,机床液压系统则应控制在55 ℃以下。

第四节　液压传动的优缺点

液压传动具有以下主要特点:

一、液压传动的优点

(1) 由于液压传动是油管连接,所以借助油管的连接可以方便灵活地布置传动机构,这是比机械传动优越的地方。例如,在井下抽取石油的泵可采用液压传动来驱动,以克服长驱动轴效率低的缺点。由于液压缸的推力很大,又加之极易布置,在挖掘机等重型工程机械上,已基本取代了老式的机械传动,不仅操作方便,而且外形美观大方。

(2) 液压传动装置的重量轻、结构紧凑、惯性小。例如,相同功率液压马达的体积为电动机的12%~13%,目前液压泵和液压马达单位功率的重量指标是发电机和电动机的十分之一,小至0.0025 N/W(牛/瓦),发电机和电动机则约为0.03 N/W。

(3) 可在大范围内实现无级调速。借助阀或变量泵、变量马达,可以实现无级调速,调速范围可达1∶2000,并可在液压装置运行的过程中进行调速。

(4) 传递运动均匀平稳,负载变化时速度较稳定。正因为此特点,金属切削机床中的磨床传动现在几乎都采用液压传动。

(5) 借助于设置溢流阀等,液压装置易于实现过载保护。同时液压件能自行润滑,因此使用寿命长。

(6) 液压传动容易实现自动化。借助于各种控制阀,特别是采用液压控制和电气控制结合使用时,能很容易地实现复杂的自动工作循环,而且可以实现遥控。

(7) 液压元件已实现了标准化、系列化和通用化,便于设计、制造和推广使用。

二、液压传动的缺点

(1) 液压系统中的漏油等因素,影响运动的平稳性和正确性,使得液压传动不能保证严格的传动比。

(2) 液压传动对油温的变化比较敏感,温度变化时,液体黏性变化,引起运动特性的变化,使得工作的稳定性受到影响,所以它不宜在温度变化很大的环境条件下工作。

(3) 为了减少泄漏,以及为了满足某些性能上的要求,液压元件的配合件制造精度要求较高,加工工艺较复杂。

(4) 液压传动要求有单独的能源,不像电源那样使用方便。

(5) 液压系统发生故障不易检查和排除。

总之,液压传动的优点是主要的,随着设计制造和使用水平的不断提高,有些缺点正在逐步加以克服。液压传动有着广泛的发展前景。

第五节 液压传动在机械中的应用

驱动机械运动的机构以及各种传动和操纵装置有多种形式。根据所用的部件和零件,可分为机械的、电气的、气动的、液压的传动装置。经常还将不同的形式组合起来运用——四位一体。由于液压传动具有很多优点,使这种新技术发展得很快。液压传动应用于金属切削机床不过四五十年的历史,最近二三十年以来液压技术在各种工业中的应用越来越广泛。

在机床上,液压传动常应用在以下的一些装置中:

(1) 进给运动传动装置。磨床砂轮架和工作台的进给运动大部分采用液压传动;车床、六角车床、自动车床的刀架或转塔刀架,铣床、刨床、组合机床的工作台等的进给运动也都采用液压传动。这些部件有的要求快速移动,有的要求慢速移动,有的则既要求快速移动,也要求慢速移动。这些运动多半要求有较大的调速范围,要求在工作中无级调速,有的要求持续进给,有的要求间歇进给,有的要求在负载变化下速度恒定,有的要求有良好的换向性能,等等。所有这些要求都是可以用液压传动来实现的。

(2) 往复直线运动传动装置。龙门刨床的工作台、牛头刨床或插床的滑枕,由于要求作高速往复直线运动,并且要求换向冲击小、换向时间短、能耗低,因此都可以采用液压传动。

(3) 仿形装置。车床、铣床、刨床上的仿形加工可以采用液压伺服系统来完成,其精度可达 0.01～0.02 mm。此外，磨床上的成形砂轮修正装置亦可采用这种系统。

（4）辅助装置。机床上的夹紧装置、齿轮箱变速操纵装置、丝杆螺母间隙消除装置、垂直移动部件平衡装置、分度装置、工件和刀具装卸装置、工件输送装置等，采用液压传动后，有利于简化机床结构，提高机床自动化程度。

（5）静压支承。重型机床、高速机床、高精度机床上的轴承、导轨、丝杠螺母机构等处采用液体静压支承后，可以提高工作平稳性和运动精度。

液压传动在各类机械行业中的应用情况如表 1.2 所示。

表 1.2　液压传动在各类机械行业中的应用实例

行业名称	应用场所举例
工程机械	挖掘机、装载机、推土机、压路机、铲运机等
起重运输机械	汽车吊、港口龙门吊、叉车、装卸机械、皮带运输机等
矿山机械	凿岩机、开掘机、开采机、破碎机、提升机、液压支架等
建筑机械	打桩机、液压千斤顶、平地机等
农业机械	联合收割机、拖拉机、农具悬挂系统等
冶金机械	电炉炉顶及电极升降机、轧钢机、压力机等
轻工机械	打包机、注塑机、校直机、橡胶硫化机、造纸机等
汽车工业	自卸式汽车、平板车、高空作业车、汽车中的转向器和减振器等
智能机械	折臂式小汽车装卸器、数字式体育锻炼机、模拟驾驶舱、机器人等

第二章

液压动力元件

液压动力元件起着向系统提供动力的作用，是系统不可缺少的核心元件。液压系统是一种以油液作为工作介质，利用油液的压力能并通过控制阀门等附件操纵液压执行机构工作的整套装置。液压泵将原动机（电动机或内燃机）输出的机械能转换为工作液体的压力能，是一种能量转换装置。

第一节　液压泵概述

一、液压泵的工作原理及特点

（一）液压泵的工作原理

液压泵都是依靠密封容积变化的原理来进行工作的，故一般称为容积式液压泵，如图 2.1 所示为一单柱塞液压泵的工作原理，柱塞 2 装在缸体 3 中形成一个密封容积 a，柱塞在弹簧 4 的作用下始终压紧在偏心轮 1 上。原动机驱动偏心轮 1 旋转，使柱塞 2 作往复运动，使密封容积 a 的大小发生周期性的交替变化。当 a 由小变大时，就形成部分真空，使油箱中油液在大气压作用下，经吸油管顶开单向阀 6，进入油箱 a，实现吸油；反之，当 a 由大变小时，a 腔中吸满的油液将顶开单向阀 5 流入系统，实现压油。这样，液压泵就将原动机输入的机械能转换成液体的压力能，原动机驱动偏心轮不断旋转，液压泵就不断地吸油和压油。

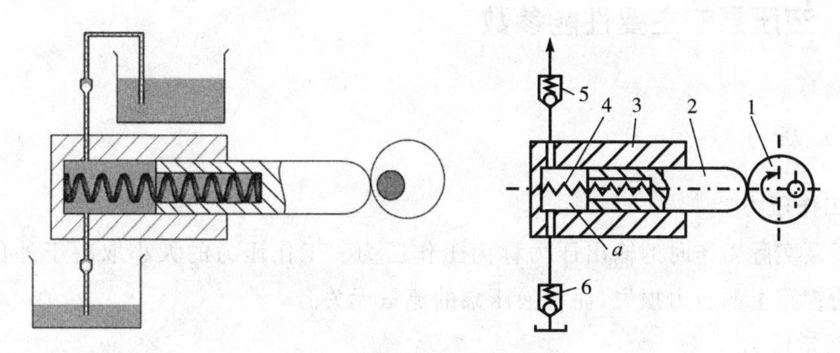

图 2.1　液压泵工作原理图

（二）液压泵的特点

柱塞液压泵具有一切容积式液压泵的基本特点：

（1）具有若干个密封且可以周期性变化的空间。液压泵的输出流量与此空间的容积变化量和单位时间内的变化次数成正比，与其他因素无关，这是容积式液压泵的一个重要特性。

（2）油箱内液体的绝对压力必须恒等于或大于大气压力，这是容积式液压泵能够吸入油液的外部条件。因此，为保证液压泵正常吸油，油箱必须与大气相通，或采用密闭的充压油箱。

（3）具有相应的配流机构，将吸油腔和排液腔隔开，保证液压泵有规律地、连续地吸、排液体。液压泵的结构原理不同，其配油机构也不相同。如图 2.1 所示的单向阀 5、6 就是配油机构。

容积式液压泵中的油腔处于吸油时称为吸油腔。吸油腔的压力决定于吸油高度和吸油管路的阻力，吸油高度过高或吸油管路阻力太大，会使吸油腔真空度过高而影响液压泵的自吸能力。压油腔的压力则取决于外负载和排油管路的压力损失，从理论上讲排油压力与液压泵的流量无关。

容积式液压泵排油的理论流量取决于液压泵的有关几何尺寸和转速，而与排油压力无关。但排油压力会影响泵的内泄漏和油液的压缩量，从而影响泵的实际输出流量，所以液压泵的实际输出流量随排油压力的升高而降低。

液压泵按其在单位时间内所能输出的油液的体积是否可调节，而分为定量泵和变量泵两类；按结构形式可分为齿轮式、叶片式和柱塞式三类。

二、液压泵的主要性能参数

（一）压力

1. 工作压力

液压泵实际工作时的输出压力称为工作压力。工作压力的大小取决于外负载的大小和排油管路上的压力损失，而与液压泵的流量无关。

2. 额定压力

液压泵在正常工作条件下，按实验标准规定，连续运转的最高压力称为液压泵的额定压力。

3. 最高允许压力

在超过额定压力的条件下，根据实验标准规定，允许液压泵短暂运行的最高压力值，称为液压泵的最高允许压力。

（二）排量和流量

1. 排量 V

液压泵每转一周，由其密封容积几何尺寸变化计算而得的排出液体的体积叫液压泵的排量。排量可调节的液压泵称为变量泵，排量为常数的液压泵则称为定量泵。

2. 理论流量 q_i

理论流量是指在不考虑液压泵的泄漏流量的情况下，在单位时间内所排出的液体体积的平均值。显然，如果液压泵的排量为 V，其主轴转速为 n，则该液压泵的理论流量 q_i 为

$$q_i = V \cdot n$$

3. 实际流量 q

液压泵在某一具体工况下，单位时间内所排出的液体体积称为实际流量，它等于理论流量 q_i 减去泄漏流量 Δq，即

$$q = q_i - \Delta q$$

4. 额定流量 q_n

液压泵在正常工作条件下，按实验标准规定（如在额定压力和额定转速下）必须保证的流量。

（三）功率和效率

1. 液压泵的功率损失

液压泵的功率损失有容积损失和机械损失两部分：

（1）容积损失。容积损失是指液压泵流量上的损失，液压泵的实际输出流量总是小于其理论流量，其主要原因是由于液压泵内部高压腔的泄漏、油液的压缩以及在吸油过程中，由于吸油阻力太大、油液黏度大以及液压泵转速高等原因而导致油液不能全部充满密封工作腔。液压泵的容积损失用容积效率来表示，它等于液压泵的实际输出流量 q 与其理论流量 q_i 之比，即

$$\eta_v=\frac{q}{q_i}=\frac{q_i-\Delta q}{q_i}=1-\frac{\Delta q}{q_i}$$

因此，液压泵的实际输出流量 q 为

$$q=q_i\cdot\eta_v=V\cdot n\cdot\eta_v$$

式中：V 为液压泵的排量（m^3/r）；n 为液压泵的转速（r/s）。

液压泵的容积效率随着液压泵工作压力的增大而减小，且随液压泵的结构类型不同而异，但恒小于1。

（2）机械损失。机械损失是指液压泵在转矩上的损失。液压泵的实际输入转矩 T_0 总是大于理论上所需要的转矩 T_i，其主要原因是由于液压泵体内相对运动部件之间因机械摩擦而引起的摩擦转矩损失以及液体的黏性而引起的摩擦损失。液压泵的机械损失用机械效率表示，它等于液压泵的理论转矩 T_i 与实际输入转矩 T_0 之比，设转矩损失为 ΔT，则液压泵的机械效率为

$$\eta_m=\frac{T_i}{T_0}=\frac{1}{1+\dfrac{\Delta T}{T_i}}$$

2. 液压泵的功率

（1）输入功率 P_i。液压泵的输入功率是指作用在液压泵主轴上的机械功率，当输入转矩为 T_0，角速度为 ω 时，有

$$P_i=T_0\cdot\omega$$

（2）输出功率 P_o。液压泵的输出功率是指液压泵在工作过程中的实际吸、压油口间的压差 Δp 和输出流量 q 的乘积，即

$$P_o=\Delta p\cdot q$$

式中：Δp 为液压泵吸、压油口之间的压力差（N/m^2）；q 为液压泵的实际输出流量（m^3/s）；P_o 为液压泵的输出功率（N・m/s 或 W）。

在实际的计算中，若油箱通大气，液压泵吸、压油的压力差往往用液压泵出口压力 p 代入。

3. 液压泵的总效率

液压泵的总效率是指液压泵的实际输出功率与其输入功率的比值，即

$$\eta=\frac{\Delta p\cdot q}{P_i}$$

第二节 齿 轮 泵

齿轮泵是液压系统中广泛采用的一种液压泵，它一般做成定量泵。按结构不同，齿轮泵分为外啮合齿轮泵和内啮合齿轮泵，而以外啮合齿轮泵应用最广。下面以外啮合齿轮泵为例来剖析齿轮泵。

一、齿轮泵的工作原理和结构

齿轮泵的工作原理如图 2.2 所示，齿轮泵的结构如图 2.3 所示。它是分离三片式结构，三片是指泵盖 4、8 和泵体 7，泵体 7 内装有一对齿数相同、宽度和泵体接近而又互相啮合的齿轮 6，这对齿轮与两端盖和泵体形成一密封腔，并由齿轮的齿顶和啮合线把密封腔划分为两部分，即吸油腔和压油腔。两齿轮分别用键固定在由滚针轴承支承的主动轴 12 和从动轴 15 上，主动轴由电动机带动旋转。

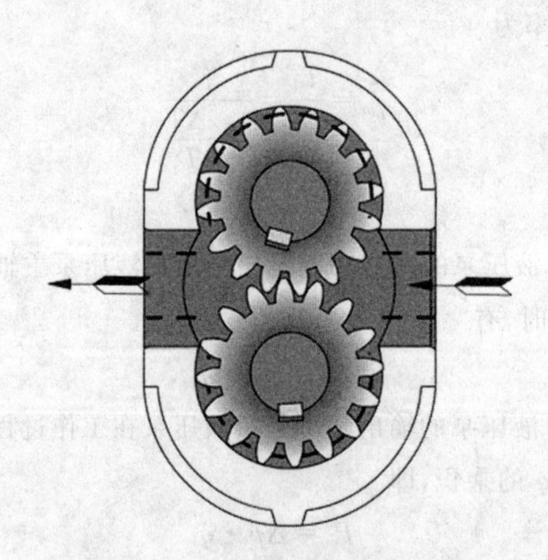

图 2.2 外啮合型齿轮泵工作原理

当泵的主动齿轮按图 2.2 所示箭头方向旋转时，齿轮泵右侧(吸油腔)齿轮脱开啮合，齿轮的轮齿退出齿间，使密封容积增大，形成局部真空，油箱中的油液在外界大气压的作用下，经吸油管路、吸油腔进入齿间。随着齿轮的旋转，吸入齿间的油液被带到另一侧，进入压油腔。这时轮齿进入啮合，使密封容积逐渐减小，齿轮间部分的油液被挤出，形成了齿轮泵的压油过程。齿轮啮合时，齿向接触线把吸油腔和压油腔分开，起配油作用。当齿轮泵的主动齿轮由电动机带动不断旋转时，轮齿脱开啮合的一侧，又由于密封容积变大则不断从油箱中吸油。轮齿进入啮合的一侧，由于密封容积减小则不断地排油，这就是齿轮泵的工作原理。泵的前后盖和泵体由两个定位销17定位，用6只螺钉固紧，如图2.3所示。为了保证齿轮能灵活地转动，同时又要保证泄漏最小，在齿轮端面和泵盖之间应有适当间隙(轴向间隙)，对于小流量泵，其轴向间隙为0.025～0.04 mm，而大流量泵为0.04～0.06 mm。齿顶和泵体内表面间的间隙(径向间隙)，由于密封带长，同时齿顶线速度形成的剪切流动又和油液泄漏方向相反，故对泄漏的影响较小，这里要考虑的问题是：当齿轮受到不平衡的径向力后，应避免齿顶和泵体内壁相碰，所以径向间隙就可稍大，一般取0.13～0.16 mm。

为了防止压力油从泵体和泵盖间泄漏到泵外，并减小压紧螺钉的拉力，在泵体两侧的端面上开有油封卸荷槽16，将渗入泵体和泵盖间的压力油引入吸油腔。在泵盖和从动轴上的小孔，其作用将泄漏到轴承端部的压力油也引到泵的吸油腔去，防止油液外溢，同时也润滑了滚针轴承。

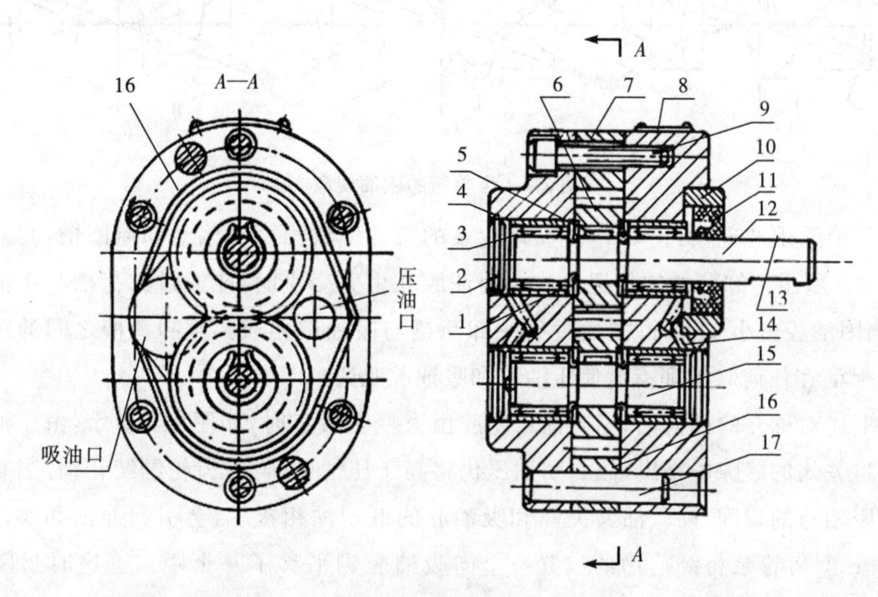

图 2.3 齿轮泵的结构

1.轴承外环 2.堵头 3.滚子 4.后泵盖 5.键 6.齿轮 7.泵体 8.前泵盖 9.螺钉 10.压环 11.密封环 12.主动轴 13.键 14.泄油孔 15.从动轴 16.泄荷槽 17.定位销

二、齿轮泵存在的问题

(一) 齿轮泵的困油问题

齿轮泵要能连续地供油，就要求齿轮啮合的重叠系数ε大于1，也就是当一对轮齿尚未脱开啮合时，另一对轮齿已进入啮合，这样，就出现同时有两对轮齿啮合的瞬间，在两对轮齿的齿向啮合线之间形成了一个封闭容积，一部分油液也就被困在这一封闭容积中，如图 2.4(a)所示，齿轮连续旋转时，这一封闭容积便逐渐减小，到两啮合点处于节点两侧的对称位置时，如图 2.4(b)所示，封闭容积为最小，齿轮再继续转动时，封闭容积又逐渐增大，直到图 2.4(c)所示位置时，容积又变为最大。在封闭容积减小时，被困油液受到挤压，压力急剧上升，使轴承上突然受到很大的冲击载荷，使泵剧烈振动，这时高压油从一切可能泄漏的缝隙中挤出，造成功率损失，使油液发热等。当封闭容积增大时，由于没有油液补充，因此形成局部真空，使原来溶解于油液中的空气分离出来，形成了气泡，油液中产生气泡后，会引起噪声、气蚀等一系列恶果。以上就是齿轮泵的困油现象，这种困油现象极为严重地影响着泵的工作平稳性和使用寿命。

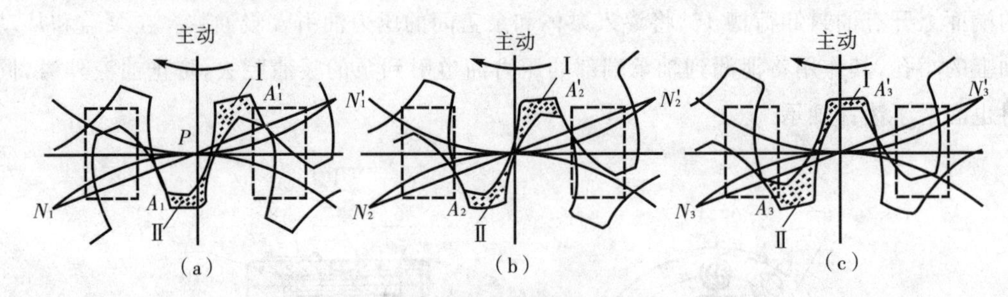

图 2.4　齿轮泵的困油现象

为了消除困油现象，在 CB－B 型齿轮泵的泵盖上铣出两个困油卸荷凹槽，其几何关系如图 2.5 所示。卸荷槽的位置应该使困油腔在由大变小时，能通过卸荷槽与压油腔相通，而当困油腔由小变大时，能通过另一卸荷槽与吸油腔相通。两卸荷槽之间的距离为 a，必须保证在任何时候都不能使压油腔和吸油腔互通。

按上述对称开的卸荷槽，当困油封闭腔由大变至最小时，如图 2.5 所示，由于油液不易从即将关闭的缝隙中挤出，故封闭油压仍将高于压油腔压力；齿轮继续转动，当封闭腔和吸油腔相通的瞬间，高压油又突然和吸油腔的低压油相接触，会引起冲击和噪声。于是 CB－B 型齿轮泵将卸荷槽的位置整个向吸油腔侧平移了一个距离。这时封闭腔只有在由小变至最大时才和压油腔断开，油压没有突变，封闭腔和吸油腔接通时，封闭腔不会出现真空，也没有压力冲击，这样的改进，使齿轮泵的振动和噪声得到了进一步改善。

（二）径向不平衡力

齿轮泵工作时，齿轮和轴承上承受径向液压力的作用。如图 2.6 所示，泵的右侧为吸油腔，左侧为压油腔。在压油腔内有液压力作用于齿轮上，沿着齿顶的泄漏油，具有大小不等的压力，这就是齿轮和轴承受到的径向不平衡力。液压力越高，这个不平衡力就越大，其结果不仅加速了轴承的磨损，降低了轴承的寿命，甚至使轴变形，造成齿顶和泵体内壁的摩擦等。为了解决径向力不平衡问题，在有些齿轮泵上，采用开压力平衡槽的办法来消除径向不平衡力，但这将导致泄漏增大，容积效率降低等。齿轮泵采用缩小压油腔，以减少液压力对齿顶部分的作用面积来减小径向不平衡力，所以泵的压油口孔径比吸油口孔径要小。

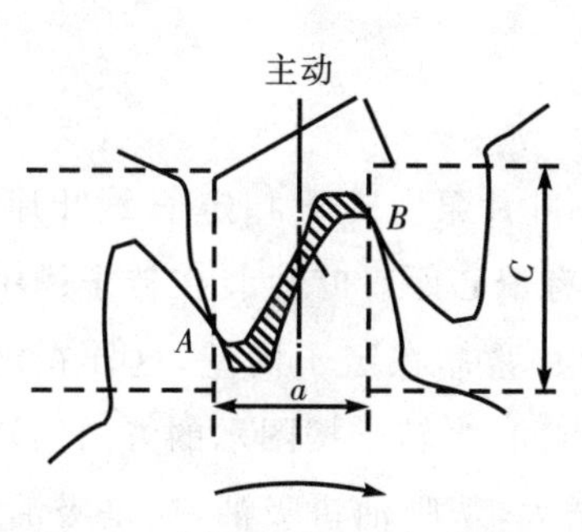

图 2.5　齿轮泵的困油卸荷槽图

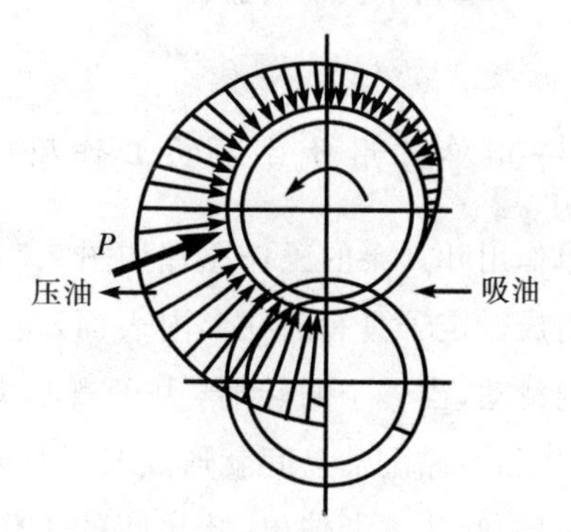

图 2.6　齿轮泵的径向不平衡力

三、齿轮泵的特点

上述齿轮泵由于泄漏大(主要是端面泄漏，约占总泄漏量的 70%～80%)，且存在径向不平衡力，故压力不易提高。高压齿轮泵针对上述问题采取了一些措施，如尽量减小径向不平衡力和提高轴与轴承的刚度；对泄漏量最大处的端面间隙，采用了自动补偿装置等。

第三节　叶　片　泵

叶片泵的结构较齿轮泵复杂，但其工作压力较高，且流量脉动小、工作平稳、噪声较小、寿命较长。所以，它被广泛应用于机械制造中的专用机床、自动线等中低液压系统中，但其结构复杂，吸油特性不太好，对油液的污染也比较敏感。

根据各密封容积在转子旋转一周吸、排油液次数的不同，叶片泵分为两类，即完成一次吸、排油液的单作用叶片泵和完成两次吸、排油液的双作用叶片泵。单作用叶片泵多为变量泵，工作压力最大为 7.0 MPa，双作用叶片泵均为定量泵，一般最大工作压力亦为 7.0 MPa，结构经改进的高压叶片泵最大的工作压力可达 16.0～21.0 MPa。

一、单作用叶片泵

（一）单作用叶片泵的工作原理

单作用叶片泵的工作原理如图 2.7 所示，单作用叶片泵由转子 1、定子 2、叶片 3 和端盖等组成。定子具有圆柱形内表面，定子和转子间有偏心距。叶片装在转子槽中，并可在槽内滑动，当转子回转时，由于离心力的作用，叶片紧靠在定子内壁，这样在定子、转子、叶片和两侧配油盘间就形成若干个密封的工作空间，当转子按图示的方向回转时，在图的右部，叶片逐渐伸出，叶片间的工作空间逐渐增大，从吸油口吸油，这是吸油腔。在图的左部，叶片被定子内壁逐渐压进槽内，工作空间逐渐缩小，将油液从压油口压出，这是压油腔。在吸油腔和压油腔之间，有一段封油区，把吸油腔和压油腔隔开，这种叶片泵在转子每转一周，每个工作空间完成一次吸油和压油，因此称为单作用叶片泵。转子不停地旋转，泵就不断地吸油和排油。

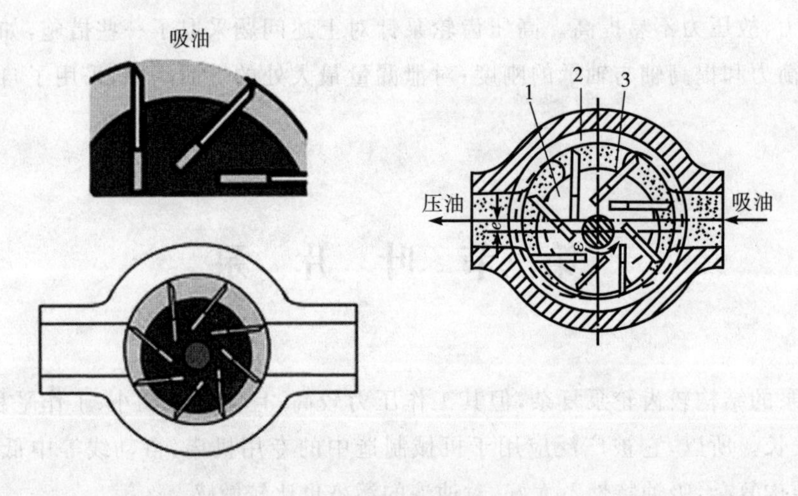

图 2.7　单作用叶片泵的工作原理

1.转子　2.定子　3.叶片

（二）单作用叶片泵的结构特点

（1）改变定子和转子之间的偏心便可改变流量。偏心反向时，吸油和压油方向也相反。

（2）处在压油腔的叶片顶部受到压力油的作用，该作用要把叶片推入转子槽内。为了使叶片顶部可靠地和定子内表面相接触，压油腔一侧的叶片底部要通过特殊的沟槽和压油腔相通，吸油腔一侧的叶片底部要和吸油腔相通，这里的叶片仅靠离心力的作用顶在定子内表面上。

(3) 由于转子受到不平衡的径向液压作用力，所以这种泵一般不宜用于高压。

(4) 为了更有利于叶片在惯性力作用下向外伸出，而使叶片有一个与旋转方向相反的倾斜角，即后倾角，一般为 24°。

二、双作用叶片泵

(一) 双作用叶片泵的工作原理

双作用叶片泵的工作原理如图 2.8 所示，泵也是由定子 1、转子 2、叶片 3 和配油盘(图中未画出)等组成。转子和定子中心重合，定子内表面近似为椭圆柱形，该椭圆形由两段长半径、两段短半径和四段过渡曲线所组成。当转子转动时，叶片在离心力和根部压力油(建压后)的作用下，在转子槽内作径向移动而压向定子内表，叶片、定子的内表面、转子的外表面和两侧配油盘之间形成若干个密封空间，当转子按图示方向旋转时，处在小圆弧上的密封空间在经过渡曲线运动到大圆弧的过程中，叶片外伸，密封空间的容积增大，要吸入油液；再从大圆弧经过渡曲线运动到小圆弧的过程中，叶片被定子内壁逐渐压进槽内，密封空间容积变小，将油液从压油口压出。转子每转一周，每个工作空间要完成两次吸油和压油过程，所以称之为双作用叶片泵。这种叶片泵由于有两个吸油腔和两个压油腔，并且各自的中心夹角是对称的，则作用在转子上的油液压力相互平衡，因此双作用叶片泵又称为卸荷式叶片泵。为了使径向力完全平衡，密封空间数(即叶片数)应当是双数。

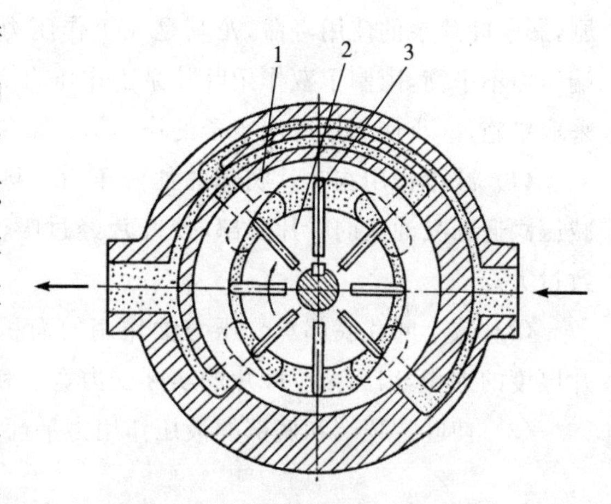

图 2.8　双作用叶片泵的工作原理

1.定子　2.转子　3.叶片

(二) 双作用叶片泵的结构特点

双作用叶片泵的配油盘，在盘上有两个吸油窗口和两个压油窗口，窗口之间为封油区，通常应使封油区对应的中心角稍大于或等于两个叶片之间的夹角，否则会使吸油腔和压油腔连通，造成泄漏。当两个叶片间密封油液从吸油区过渡到封油区(长半径圆弧处)时，其压力基本上与吸油压力相同，但当转子再继续旋转一个微小角度时，会使该密封腔突然与压油腔相通，使其中油液压力突然升高，油液的体积突然收缩，压油腔中的油倒流进该腔,使液压泵的瞬时流量突然减小,引起液压泵的流量脉动、压力脉动和噪声。为此在配油盘的压油窗口靠叶片从封油区进入压油区的一边,开有一个截面形状为三角形的三角槽(又称眉毛槽),使两叶片之间的封闭油液在未进入压油区之前就通过该三角槽与压力油相连,其压力逐渐上升,因而缓减了流量和压力脉动,并降低了噪声。环形槽与压油腔相通,并与转子叶片槽底部相通,使叶片泵的底部有压力油作用。

(三) 提高双作用叶片泵压力的措施

由于一般双作用叶片泵的叶片底部通压力油,就使得处于吸油区的叶片顶部和底部的液压作用力不平衡,叶片顶部以很大的压紧力抵在定子吸油区的内表面上,使磨损加剧,影响叶片泵的使用寿命,尤其是在工作压力较高时,磨损更严重,因此吸油区叶片两端压力不平衡,限制了双作用叶片泵工作压力的提高。所以在高压叶片泵的结构上必须采取措施,减小使叶片压向定子的作用力。常用的措施如下:

(1) 减小作用在叶片底部的油液压力。将泵的压油腔的油通过阻尼槽或内装式小减压阀通到吸油区的叶片底部,使叶片经过吸油腔时,叶片压向定子内表面的作用力不致过大。

(2) 减小叶片底部承受压力油作用的面积。叶片底部受压面积为叶片的宽度和叶片厚度的乘积,因此减小叶片的实际受力宽度和厚度,就可减小叶片受压面积。

(3) 使叶片顶端和底部的液压作用力平衡。

第四节 柱 塞 泵

柱塞泵是靠柱塞在缸体中做往复运动造成密封容积的变化来实现吸油与压油的液压泵。与齿轮泵和叶片泵相比,这种泵有许多优点。第一,构成密封容积的零件为圆柱形的柱塞和缸孔,加工方便,可得到较高的配合精度,密封性能好,在高压工作时仍有较高的容积效率;第二,只需改变柱塞的工作行程就能改变流量,易于实现变量;第三,柱塞泵中的主要零件均受压应力作用,材料强度性能可得到充分利用。由于柱塞泵压力高、结构紧凑、效率高、流量调节方便,故其在需要高压、大流量、大功率的系统中和流量需要调节的场合,如龙门刨床、拉床、液压机、工程机械、矿山冶金机械、船舶上得到广泛的应用。柱塞泵按柱塞的排列和运动方向不同,可分为径向柱塞泵和轴向柱塞泵两大类。

一、径向柱塞泵

径向柱塞泵的工作原理如图 2.9 所示,柱塞 1 径向排列装在缸体 2 中,缸体由原动机带动连同柱塞1一起旋转，所以缸体2一般称为转子，柱塞1在离心力的(或在低压油)作用下抵紧定子4的内壁，当转子按图示方向回转时，由于定子和转子之间有偏心距e，柱塞绕经上半周时向外伸出，柱塞底部的容积逐渐增大，形成部分真空，因此便经过衬套3(衬套3是压紧在转子内，并和转子一起回转)上的油孔从配油孔5和吸油口b吸油；当柱塞转到下半周时，定子内壁将柱塞向里推，柱塞底部的容积逐渐减小，向配油轴的压油口c压油；当转子回转一周时，每个柱塞底部的密封容积完成一次吸、压油，转子连续运转，即完成压、吸油工作。配油轴固定不动，油液从配油轴上半部的两个孔a流入，从下半部两个油孔d压出，为了进行配油，配油轴在和衬套3接触的一段加工出上下两个缺口，形成吸油口b和压油口c，留下的部分形成封油区。封油区的宽度应能封住衬套上的吸、压油孔，以防吸油口和压油口相连通，但尺寸也不能大太多，以免产生困油现象。

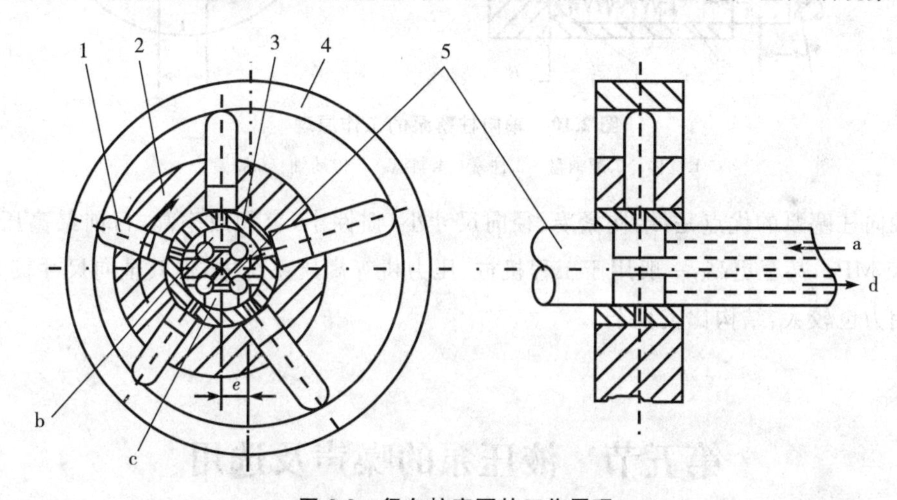

图2.9　径向柱塞泵的工作原理

1.柱塞　2.缸体　3.衬套　4.定子　5.配油轴

二、轴向柱塞泵

轴向柱塞泵是将多个柱塞配置在一个共同缸体的圆周上，并使柱塞中心线和缸体中心线平行的一种泵。轴向柱塞泵有两种形式，即直轴式(斜盘式)和斜轴式(摆缸式)。如图2.10所示为直轴式轴向柱塞泵的工作原理，这种泵主体由缸体1、配油盘2、柱塞3和斜盘4组成，柱塞沿圆周均匀分布在缸体内，斜盘轴线与缸体轴线形成一个夹角，柱塞靠机械装置或在低压油作用下压紧在斜盘上(图中为弹簧)，配油盘2和斜盘4固定不转，当原动机通过传动轴使缸体转动时，由于斜盘的作用，迫使柱塞在缸体内做往复运动，并通过配油盘的配油窗口进行吸油和压油。如图2.10所示回转方向，当缸体转角在$\pi\sim2\pi$范围内，柱塞向外伸出，柱塞底部缸孔的密封工作容积增大，通过配油盘的吸油窗口吸油；在$0\sim\pi$范围内，柱塞被斜盘推入缸体，使缸孔的密封工作容积减小，通过配油盘的压油窗口压油。缸体每转一周，每个柱塞完成吸、压油各一次，如改变斜盘倾角 γ，就能改变柱塞行程的长度，即改变液压泵的排量；改变斜盘倾角方向，就能改变吸油和压油的方向，即成为双向变量泵。

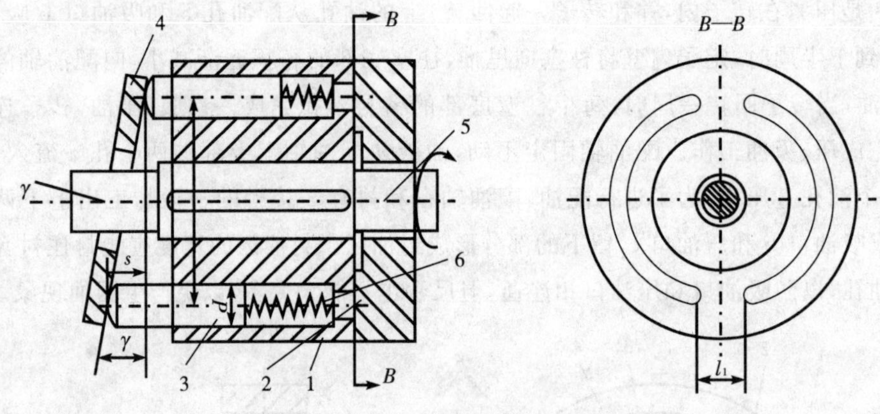

图 2.10 轴向柱塞泵的工作原理

1.缸体 2.配油盘 3.柱塞 4.斜盘 5.传动轴 6.弹簧

轴向柱塞泵的优点是：结构紧凑、径向尺寸小，惯性小，容积效率高，目前最高压力可达 40.0 MPa，甚至更高，一般用于工程机械、压力机等高压系统中，但其轴向尺寸较大，轴向作用力也较大，结构比较复杂。

第五节 液压泵的噪声及选用

噪声对人们的健康十分有害，随着工业生产的发展，工业噪声对人们的影响越来越严重，已引起人们的关注。目前液压技术向着高压、大流量和高功率的方向发展，产生的噪声也随之增加，在液压系统的噪声中，液压泵的噪声占有很大的比重。因此，降低液压系统的噪声，特别是液压泵的噪声，已成为液压界广大工程技术人员、专家学者的共识。液压泵的噪声大小和液压泵的种类、结构、大小、转速以及工作压力等很多因素有关。

一、产生噪声的原因

(1) 泵的流量脉动和压力脉动，造成泵构件的振动。这种振动有时还可产生谐振。谐振频率可以是流量脉动频率的 2 倍、3 倍或更大，泵的基本频率及其谐振频率若和机械的或液压的自然频率相一致，则噪声更会大大增加。研究结果表明，转速增加对噪声的影响一般比压力增加还要大。

（2）泵的工作腔在突然发生吸油腔向压油腔或者压油腔向吸油腔转变时，产生的油液流量和压力突变，对噪声的影响甚大。

（3）空穴现象。当泵吸油腔中的压力小于油液所在温度下的空气分离压时，溶解在油液中的空气要析出而变成气泡，这种带有气泡的油液进入高压腔时，气泡被击破，形成局部的高频压力冲击，从而引起噪声。

（4）泵内流道的截面突然扩大和收缩、急拐弯，或通道截面过小而导致液体紊流、旋涡及喷流，使噪声加大。

（5）由于机械原因，如转动部分不平衡、轴承不良、泵轴的弯曲等机械振动引起的机械噪声。

二、降低噪声的措施

（1）消除液压泵内部油液压力的急剧变化。

（2）为吸收液压泵流量及压力脉动，可在液压泵的出口处装置消音器。

（3）装在油箱上的泵应使用橡胶垫减振。

（4）压油管的一段用橡胶软管，对泵和管路的连接进行隔振。

（5）防止泵产生空穴现象，可采用直径较大的吸油管，减小管道局部阻力；采用大容量的吸油滤油器，防止油液中混入空气；合理设计液压泵，提高零件刚度。

三、液压泵的选用

液压泵是液压系统中提供一定流量和压力的油液动力元件，它是每个液压系统不可缺少的核心元件，合理地选择液压泵对于降低液压系统的能耗、提高系统的效率、降低噪声、改善工作性能和保证系统的可靠工作都十分重要。

选择液压泵的原则是：根据主机工况、功率大小和系统对工作性能的要求，首先确定液压泵的类型，然后按系统所要求的压力、流量大小确定其规格型号。如图 2.1 所示。

一般来说，由于各类液压泵的特点、结构、功用和动转方式各不相同，因此应根据不同的使用场合来选择合适的液压泵。一般在机床液压系统中，往往选用双作用叶片泵和限压式变量叶片泵；而在筑路机械、港口机械以及小型工程机械中往往选择抗污染能力较强的齿轮泵；在负载大、功率大的场合往往选择柱塞泵。

表 2.1 液压系统中常用液压泵的性能比较

性能	外啮合轮泵	双作用叶片泵	限压式变量叶片泵	径向柱塞泵	轴向柱塞泵	螺杆泵
输出压力	低压	中压	中压	高压	高压	低压
流量调节	不能	不能	能	能	能	不能
效率	低	较高	较高	高	高	较高
输出流量脉动	很大	很小	一般	一般	一般	最小
自吸特性	好	较差	较差	差	差	好
对油的污染敏感性	不敏感	较敏感	较敏感	很敏感	很敏感	不敏感
噪声	大	小	较大	大	大	最小

第三章

液压执行元件

第一节 液压马达

一、液压马达的特点及分类

液压马达是把液体的压力能转换为机械能的装置,从原理上讲,液压泵可以作液压马达用,液压马达也可作液压泵用。同类型的液压泵和液压马达虽然在结构上相似,但由于两者的工作情况不同,使得两者在结构上也有某些差异。例如:

(1) 液压马达一般需要正、反转,所以在内部结构上应具有对称性。而液压泵一般是单方向旋转的,没有这一要求。

(2) 为了减小吸油阻力,减小径向力,一般液压泵的吸油口比出油口的尺寸大。而液压马达低压腔的压力稍高于大气压力,所以没有上述要求。

(3) 液压马达要求能在很宽的转速范围内正常工作,故应采用液动轴承或静压轴承,因为当马达速度很低时,若采用动压轴承,则不易形成润滑滑膜。

(4) 叶片泵依靠叶片跟转子一起高速旋转而产生的离心力使叶片始终贴紧定子的内表面,起封油作用,形成工作容积。若将其当马达用,必须在液压马达的叶片根部装上弹簧,以保证叶片始终贴紧定子内表面,以便马达能正常启动。

(5) 液压泵在结构上需保证具有自吸能力,而液压马达就没有这一要求。

（6）液压马达必须具有较大的启动扭矩。所谓启动扭矩，就是马达由静止状态启动时，马达轴上所能输出的扭矩，该扭矩通常大于在同一工作压差时处于运行状态下的扭矩，所以为了使启动扭矩尽可能接近工作状态下的扭矩，要求马达扭矩的脉动小、内部摩擦小。

由于液压马达与液压泵具有上述不同的特点，使得很多类型的液压马达和液压泵不能互换使用。

液压马达按其额定转速分为高速和低速两大类，额定转速高于 500 r/min 的属于高速液压马达，额定转速低于 500 r/min 的属于低速液压马达。

高速液压马达的基本形式有齿轮式、螺杆式、叶片式和轴向柱塞式等。它们的主要特点是转速较高、转动惯量小，便于启动和制动，调速和换向的灵敏度高。通常高速液压马达的输出转矩不大（仅几十牛·米到几百牛·米），所以又称为高速小转矩液压马达。

高速液压马达的基本形式是径向柱塞式，如单作用曲轴连杆式、液压平衡式和多作用内曲线式等。此外在轴向柱塞式、叶片式和齿轮式中也有低速的结构形式。低速液压马达的主要特点是排量大、体积大、转速低（有时可达每分钟几转甚至零点几转），因此可直接与工作机构连接，不需要减速装置，使传动机构大为简化，通常低速液压马达输出转矩较大（可达几千牛·米到几万牛·米），所以又称为低速大转矩液压马达。

液压马达也可按其结构类型来分类，如分为齿轮式、叶片式、柱塞式和其他形式液压马达。

二、液压马达的性能参数

液压马达的性能参数很多，下面是液压马达的主要性能参数：

（一）排量、流量和容积效率

习惯上将马达的轴每转一周，按几何尺寸计算所进入的液体容积，称为马达的排量 V，有时称之为几何排量、理论排量，即不考虑泄漏损失时的排量。

液压马达的排量表示出其工作容腔的大小，它是一个重要的参数。液压马达在工作中输出的转矩大小是由负载转矩决定的。但是，推动同样大小的负载，工作容腔大的马达的压力要小于工作容腔小的马达的压力，所以说工作容腔的大小是液压马达工作能力的主要标志，也就是说，排量的大小是液压马达工作能力的重要标志。

根据液压动力元件的工作原理可知，马达转速 n、理论流量 q_i 与排量 V 之间具有下列关系：

$$q_i = n \cdot V/60$$

式中：q_i 为理论流量（m^3/s）；n 为转速（r/min）；V 为排量（m^3/s）。

（二）液压马达的机械效率

由于液压马达内部不可避免地存在各种摩擦，实际输出的转矩 T 总要比理论转矩 T_t 小些，即

$$T=T_t\cdot\eta_m$$

式中，η_m 为液压马达的机械效率（%）。

（三）液压马达的转速

液压马达的转速取决于供液的流量和液压马达本身的排量 V，可用下式计算：

$$n_t=60q_i/V$$

式中，n_t 为理论转速（r/min）。

由于液压马达内部有泄漏，所以并不是所有进入马达的液体都推动液压马达做功，一小部分液体因泄漏损失掉了。所以，液压马达的实际转速要比理论转速低一些。

$$n=n_t\cdot\eta_v$$

式中：n 为液压马达的实际转速（r/min）；η_v 为液压马达的容积效率（%）。

（四）最低稳定转速

最低稳定转速是指液压马达在额定负载下，不出现爬行现象的最低转速。所谓爬行现象，就是当液压马达工作转速过低时，往往保持不了均匀的速度，进入时动时停的不稳定状态。

（五）液压马达的调速范围

液压马达的调速范围用最高使用转速和最低稳定转速之比表示，即

$$i=n_{max}/n_{min}$$

三、液压马达的工作原理

常用的液压马达的结构与同类型的液压泵很相似，下面对叶片马达的工作原理作一介绍。

叶片马达的工作原理如图 3.1 所示，当压力为 P 的油液从进油口进入叶片 1 和 3 之间时，叶片 2 因两面均受液压油的作用，所以不产生转矩。叶片 1、3 上，一面作用有压力油，另一面为低压油。由于叶片 3 伸出的面积大于叶片 1 伸出的面积，因此作用于叶片 3 上的总液压力大于作用于叶片 1 上的总液压力，于是压力差使转子产生顺时针的转矩。同样道理，压力油进入叶片 5 和 7 之间时，叶片 7 伸出的面积大于叶片 5 伸出的面积，也产生顺时针转矩。这样，就把油液的压力能转变成了机械能，这就是叶片马达的工作原

理。当输油方向改变时，液压马达就反转。

当定子的长短径差值越大，转子的直径越大，以及输入的压力越高时，叶片马达输出的转矩也越大。

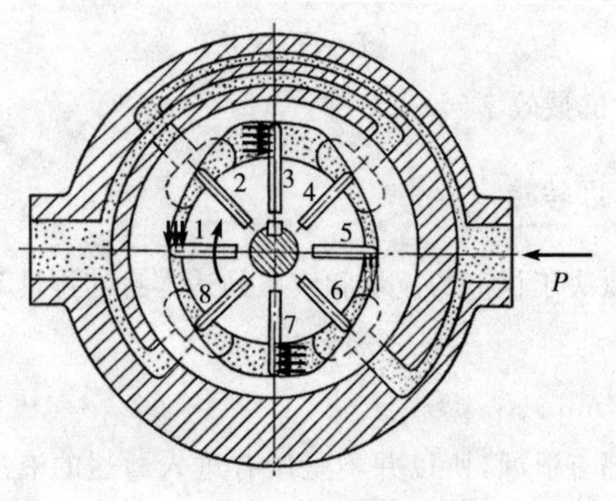

图 3.1 叶片马达的工作原理图

第二节 液 压 缸

液压缸又称为油缸，它是液压系统中的一种执行元件，其功能就是将液压能转变成直线往复式的机械运动。

一、液压缸的类型和特点

液压缸的种类很多，其详细分类如表 3.1 所示。

表 3.1 常见液压缸的种类及特点

分类	名称	符号	说明
单作用液压缸	柱塞式液压缸		柱塞仅单向运动，返回行程是利用自重或负荷将柱塞推回
	单活塞杆液压缸		活塞仅单向运动，返回行程是利用自重或负荷将活塞推回
	双活塞杆液压缸		活塞的两侧都装有活塞杆，只能向活塞一侧供给压力油，返回行程通常利用弹簧力、重力或外力
	伸缩液压缸		它以短缸获得长行程，用液压油由大到小逐节推出，靠外力由小到大逐节缩回

续表

分类	名称	符号	说明
双作用液压缸	单活塞杆液压缸	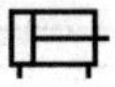	单边有杆，两向液压驱动，两向推力和速度不等
	双活塞杆液压缸	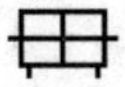	双向有杆，双向液压驱动，可实现等速往复运动
	伸缩液压缸	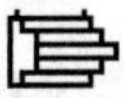	双向液压驱动，伸出由大到小逐节推出，由小到大逐节缩回
组合液压缸	弹簧复位液压缸		单向液压驱动，由弹簧力复位
	串联液压缸	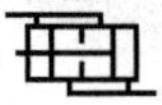	用于缸的直径受限制而长度不受限制时，以便获得大的推力
	增压缸（增压器）	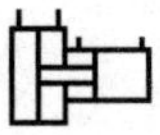	由低压力室左缸驱动，使右室获得高压油源
	齿条传动液压缸		活塞和装在一起的齿条进行往复回转运动
摆动液压缸	摆动马达		输出轴直接输出扭矩，其往复回转的角度小于360°

下面分别介绍几种常用的液压缸。

（一）活塞式液压缸

活塞式液压缸根据其使用要求不同可分为双杆式和单杆式两种。

1. 双杆式活塞缸

活塞两端都有一根直径相等的活塞杆伸出的液压缸称为双杆式活塞缸，它一般由缸体、缸盖、活塞、活塞杆和密封件等零件构成。根据安装方式不同可分为缸筒固定式和活塞杆固定式两种。

图3.2(a)所示的为缸筒固定式的双杆式活塞缸。它的进、出口布置在缸筒两端，活塞通过活塞杆带动工作台移动，当活塞的有效行程为l时，整个工作台的运动范围为$3l$，所以机床占地面积大，一般适用于小型机床。当工作台行程要求较短时，可采用如图3.2(b)所示的活塞杆固定式的双杆式活塞缸，这时，缸体与工作台相连，活塞杆通过支架固定在机床上，动力由缸体传出。这种安装形式中，工作台的移动范围只等于液压缸有效行程l的两倍，因此占地面积小。进出油口可以设置在固定不动的空心的活塞杆的两端，但必

须使用软管连接。

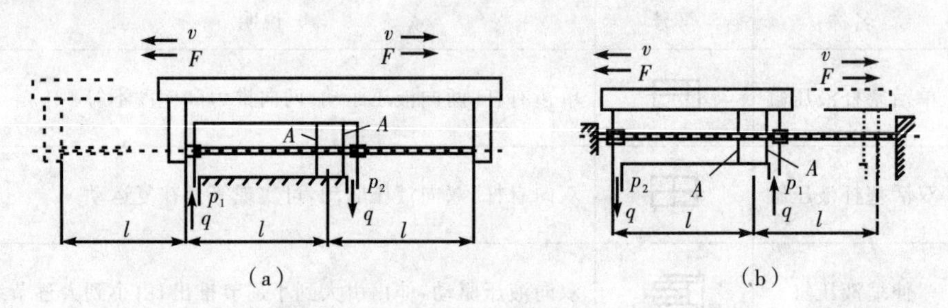

图 3.2 双杆式活塞缸

由于双杆式活塞缸两端的活塞杆直径通常是相等的，因此它左右两腔的有效面积也相等，当分别向左右两腔输入相同压力和相同流量的油液时，液压缸左右两个方向的推力和速度相等：当活塞的直径为 D，活塞杆的直径为 d，液压缸进、出油腔的压力为 p_1 和 p_2，输入流量为 q 时，双杆式活塞缸的推力 F 和速度 v 为

$$F=A(p_1-p_2)=\pi(D^2-d^2)(p_1-p_2)/4$$

$$v=q/A=4q/[\pi(D^2-d^2)]$$

式中，A 为活塞的有效工作面积。

双杆式活塞缸在工作时，设计成一个活塞杆是受拉的，而另一个活塞杆不受力，因此这种液压缸的活塞杆可以做得细些。

2. 单杆式活塞缸

如图 3.3 所示，活塞只有一端带活塞杆，单杆式液压缸也有缸体固定和活塞杆固定两种形式，但它们的工作台移动范围都是活塞有效行程的两倍。

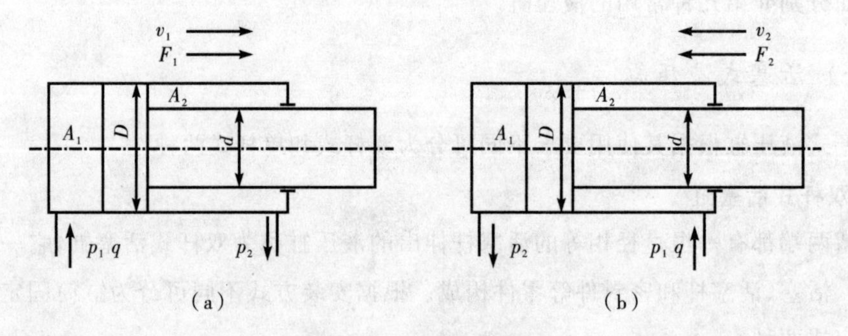

图 3.3 单杆式活塞缸

由于液压缸两腔的有效工作面积不等，因此它在两个方向上的输出推力和速度也不等，其值分别为

$$F_1=(p_1A_1-p_2A_2)=\pi[(p_1-p_2)D^2+p_2d^2]/4$$

$$F_2=(p_1A_2-p_2A_1)=\pi[(p_1-p_2)D^2-p_1d^2]/4$$

$$v_1=q/A_1=4q/(\pi D^2)$$

$$v_2=q/A_2=4q/[\pi(D^2-d^2)]$$

由上式可知，由于 $A_1>A_2$，所以 $F_1>F_2$，$v_1<v_2$。如把两个方向上的输出速度 v_2 和 v_1 的比值称为速度比，记作 λ_v，则 $\lambda_v=v_2/v_1=1/[1-(d/D)^2]$。因此，$d=D\sqrt{(\lambda_v-1)/\lambda_v}$。在已知 D 和 λ_v 时，可确定 d 值。

3. 差动油缸

单杆式活塞缸在其左右两腔都接通高压油时称为差动连接，如图 3.4 所示。差动连接缸左右两腔的油液压力相同，但是由于左腔（无杆腔）的有效面积大于右腔（有杆腔）的有效面积，故活塞向右运动，同时使右腔中排出的油液（流量为 q'）也进入左腔，加大了流入左腔的流量（$q+q'$），从而也加快了活塞移动的速度。实际上活塞在运动时，由于差动连接时两腔间的管路中有压力损失，所以右腔中油液的压力稍大于左腔油液压力，而这个差值一般都较小，可以忽略不计，则差动连接时活塞推力 F_3 和运动速度 v_3 为

$$F_3=p_1(A_1-A_2)=p_1\pi d^2/4$$

进入无杆腔的流量

$$q_1=v_3\pi D^2/4=q+v_3\pi(D^2-d^2)/4$$

$$v_3=4q/(\pi d^2)$$

由上式可知，差动连接时，液压缸的推力比非差动连接时小，速度比非差动连接时大，正好利用这一点，可使在不加大油源流量的情况下得到较快的运动速度，这种连接方式被广泛应用于组合机床的液压动力系统和其他机械设备的快速运动中。

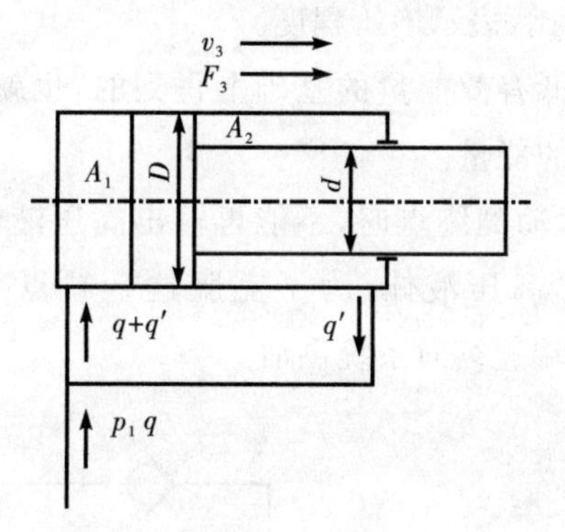

图 3.4　差动油缸

（二）柱塞缸

图 3.5(a)所示为柱塞缸，它只能实现一个方向的液压传动，反向运动要靠外力。若需要实现双向运动，则必须成对使用。如图 3.5(b)所示，这种液压缸中的柱塞和缸筒不接触，运动时由缸盖上的导向套来导向，因此缸筒的内壁不需精加工，它特别适用于行程较长的场合。

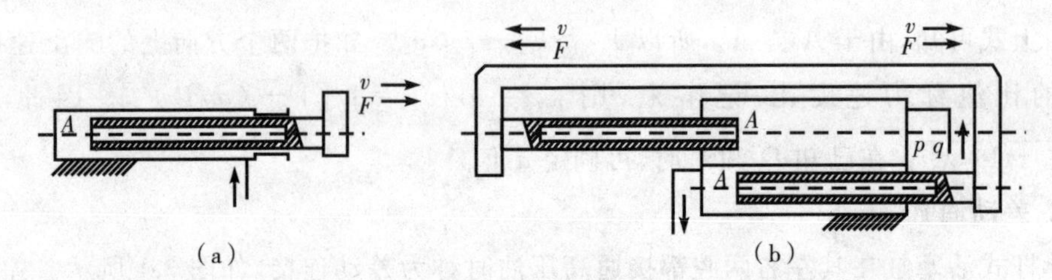

图 3.5 柱塞缸

柱塞缸输出的推力和速度为

$$F=pA=p\pi d^2/4$$

$$v_i=q/A=4q/(\pi d^2)$$

（三）其他液压缸

1. 增压液压缸

增压液压缸又称增压器，它利用活塞和柱塞有效面积的不同使液压系统中的局部区域获得高压。它有单作用和双作用两种形式，单作用增压缸的工作原理如图 3.6(a)所示，当输入活塞缸的液体压力为 p_1，活塞直径为 D，柱塞直径为 d 时，柱塞缸中输出的液体压力为高压，其值为

$$p_2=p_1(D/d)^2=Kp_1$$

式中，$K=D^2/d^2$，称为增压比，表示增压程度。

显然，增压能力是在降低有效能量的基础上得到的，也就是说增压缸仅仅是增大输出的压力，并不能增大输出的能量。

单作用增压缸在柱塞运动到终点时，不能再输出高压液体，需要将活塞退回到左端位置，再向右行时才能输出高压液体，为了克服这一缺点，可采用双作用增压缸，如图 3.6(b)所示，由两个高压端连续向系统供油。

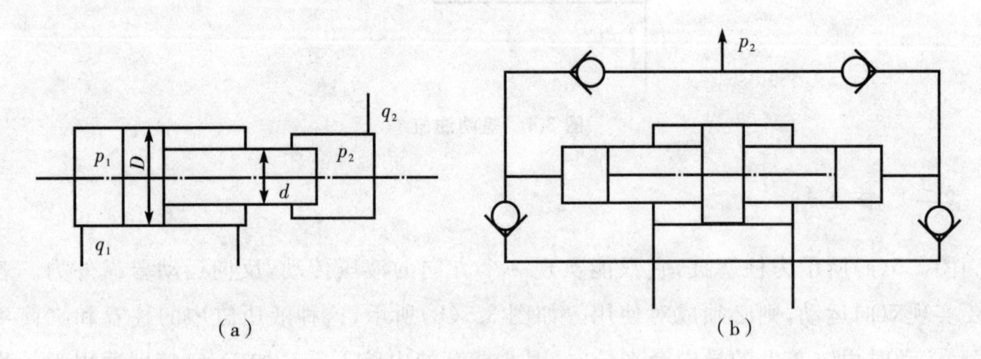

图 3.6 增压缸

2. 伸缩缸

伸缩缸由两个或多个活塞缸套装而成，前一级活塞缸的活塞杆内孔是后一级活塞缸的缸筒，伸出时可获得很长的工作行程，缩回时可保持很小的结构尺寸，伸缩缸被广泛用

于起重、运输车辆上。

伸缩缸可以是如图 3.7(a)所示的单作用式，也可以是如图 3.7(b)所示的双作用式，前者靠外力回程，后者靠液压回程。

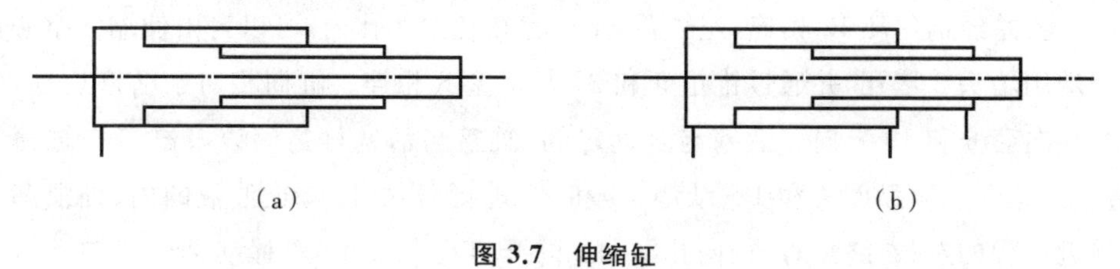

图 3.7　伸缩缸

二、液压缸的典型结构和组成

(一) 液压缸的典型结构举例

图 3.8 所示的是一个较常用的双作用单活塞杆液压缸。它是由缸底 20、缸筒 10、缸盖兼导向套 9、活塞 11 和活塞杆 18 组成。缸筒一端与缸底焊接，另一端缸盖(导向套)与缸筒用卡键 6、套 5 和弹簧挡圈 4 固定，以便拆装检修，两端设有油口 A 和 B。活塞 11 与活塞杆 18 利用卡键 15、卡键帽 16 和弹簧挡圈 17 连在一起。活塞与缸孔的密封采用的是一对 Y 型聚氨酯密封圈 12，由于活塞与缸孔有一定间隙，采用由尼龙 1010 制成的耐磨环(又叫支承环)13 定心导向。杆 18 和活塞 11 的内孔由密封圈 14 密封。较长的导向套 9 则可保证活塞杆不偏离中心，导向套外径由 O 型圈 7 密封，而其内孔则由 Y 型密封圈 8 和防尘圈 3 分别防止油外漏和灰尘进入缸内。缸与杆端销孔与外界连接，销孔内有尼龙衬套抗磨。

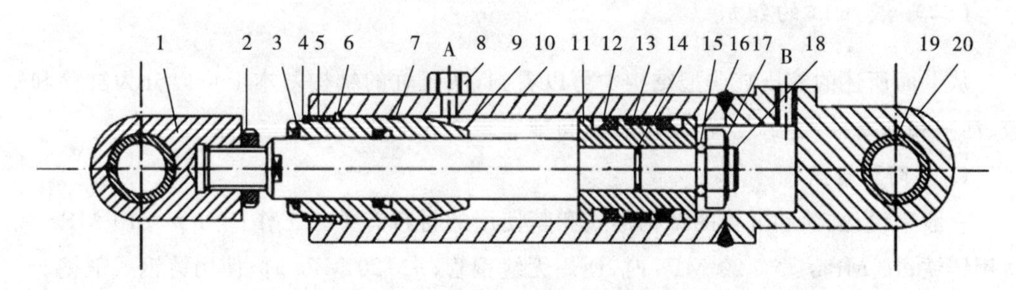

图 3.8　双作用单活塞杆液压缸

1.耳环　2.螺母　3.防尘圈　4、17.弹簧挡圈　5.套　6、15.卡键
7、14.O 型密封圈　8、12.Y 型密封圈　9.缸盖兼导向套　10.缸筒
11.活塞　13.耐磨环　16.卡键帽　18.活塞杆　19.衬套　20.缸底

图 3.9 所示为一空心双活塞杆式液压缸的结构。由图可见，液压缸的左右两腔是通

过油口 b 和 d 经活塞杆 1 和 15 的中心孔与左右径向孔 a 和 c 相通的。由于活塞杆固定在床身上，缸体 10 固定在工作台上，工作台在径向孔 c 接通压力油，径向孔 a 接通回油时向右移动；反之，则向左移动。在这里，缸盖 18 和 24 是通过螺钉(图中未画出)与压板 11 和 20 相连，并经钢丝环 12 相连，左缸盖 24 空套在托架 3 孔内，可以自由伸缩。空心活塞杆的一端用堵头 2 堵死，并通过锥销 9 和 22 与活塞 8 相连。缸筒相对于活塞运动，由左右两个导向套 6 和 19 导向。活塞与缸筒之间、缸盖与活塞杆之间以及缸盖与缸筒之间分别用 O 型圈 7、V 型圈 4 和 17、纸垫 13 和 23 进行密封，以防止油液的内、外泄漏。缸筒在接近行程的左、右终端时，径向孔 a 和 c 的开口逐渐减小，对移动部件起制动缓冲作用。为了排除液压缸中剩余的空气，缸盖上设置有排气孔 5 和 14，经导向套环槽的侧面孔道(图中未画出)引出与排气阀相连。

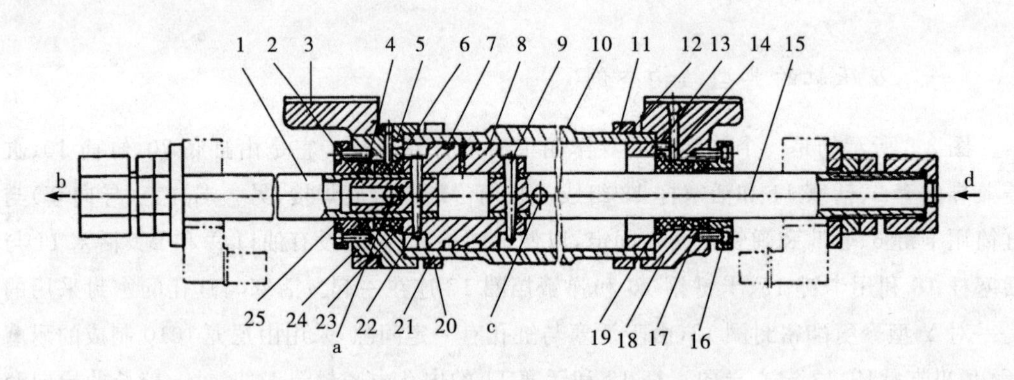

图 3.9　空心双活塞杆式液压缸的结构

1.活塞杆　2.堵头　3.托架　4、17.V 型密封圈　5、14.排气孔　6、19.导向套　7.O 型密封圈　8.活塞　9、22.锥销　10.缸体　11、20.压板　12、21.钢丝环　13、23.纸垫　15.活塞杆　16、25.压盖　18、24.缸盖

(二) 液压缸的组成

从上面所述的液压缸典型结构中可以看到，液压缸的结构基本上可以分为缸筒和缸盖、活塞和活塞杆、密封装置、缓冲装置和排气装置五个部分。

1. 缸筒和缸盖

一般来说，缸筒和缸盖的结构形式和其使用的材料有关。工作压力 $p<10$ MPa 时，使用铸铁；10 MPa$\leqslant p \leqslant$20 MPa 时，使用无缝钢管；$p>$20 MPa 时，使用铸钢或锻钢。

2. 活塞与活塞杆

可以把短行程的液压缸的活塞杆与活塞做成一体，这是最简单的形式。但当行程较长时，这种整体式活塞组件的加工较费事，所以常把活塞与活塞杆分开制造，然后再连接成一体。

3. 密封装置

液压缸中常见的密封装置如图 3.10 所示。图 3.10(a)所示为间隙密封,它依靠运动间的微小间隙来防止泄漏。为了提高这种装置的密封能力,常在活塞的表面上制出几条细小的环形槽,以增大油液通过间隙时的阻力。它的结构简单,摩擦阻力小,可耐高温,但泄漏大,加工要求高,磨损后无法恢复原有能力,只有在尺寸较小、压力较低、相对运动速度较高的缸筒和活塞间使用。图 3.10(b)所示为摩擦环密封,其加工要求高,装拆较不便,适用于缸筒和活塞之间的密封。图 3.10(c)、图 3.10(d)所示为密封圈(O 型圈、V 型圈等)密封,它利用橡胶或塑料的弹性使各种截面的环形圈贴紧在静、动配合面之间来防止泄漏。它结构简单,制造方便,磨损后有自动补偿能力,性能可靠,在缸筒和活塞之间、缸盖和活塞杆之间、活塞和活塞杆之间、缸筒和缸盖之间都能使用。对于活塞杆外伸部分来说,由于它很容易把脏物带入液压缸,使油液受污染,使密封件磨损,因此常需要在活塞杆密封处增添防尘圈,并放在向着活塞杆外伸的一端。

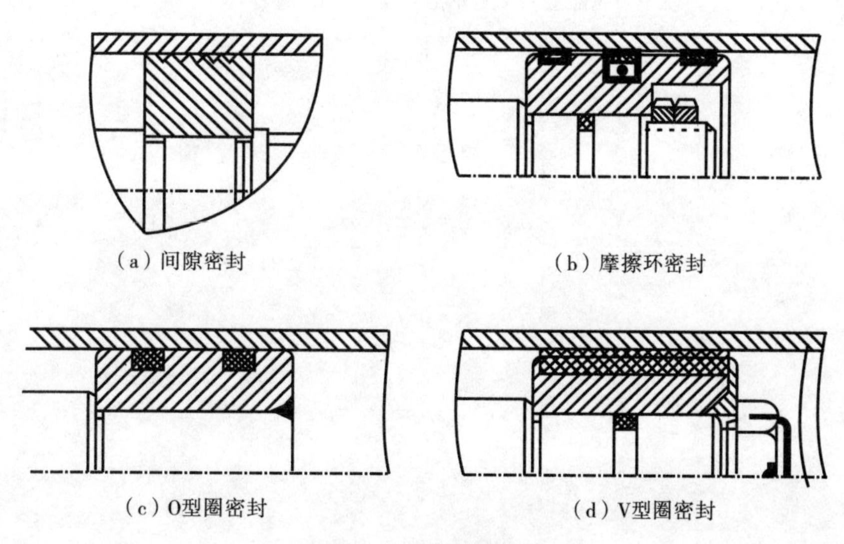

图 3.10 密封装置

4. 缓冲装置

液压缸一般都设置缓冲装置,特别是对大型、高速或要求高的液压缸,为了防止活塞在行程终点时和缸盖相互撞击,引起噪声、冲击,则必须设置缓冲装置。

缓冲装置的工作原理是利用活塞或缸筒在其走向行程终端时封住活塞和缸盖之间的部分油液,强迫其从小孔或细缝中挤出,以产生很大的阻力,使工作部件受到制动,逐渐减慢运动速度,达到避免活塞和缸盖相互撞击的目的。

5. 放气装置

液压缸在安装过程中或长时间停放重新工作时,液压缸里和管道系统中会渗入空气,为了防止执行元件出现爬行、噪声和发热等不正常现象,需把缸中和系统中的空气排出。一般可在液压缸的最高处设置进出油口以便把气体带走，也可在最高处设置如图3.11(a)所示的放气孔或如图3.11(b)、(c)所示的专门放气阀。

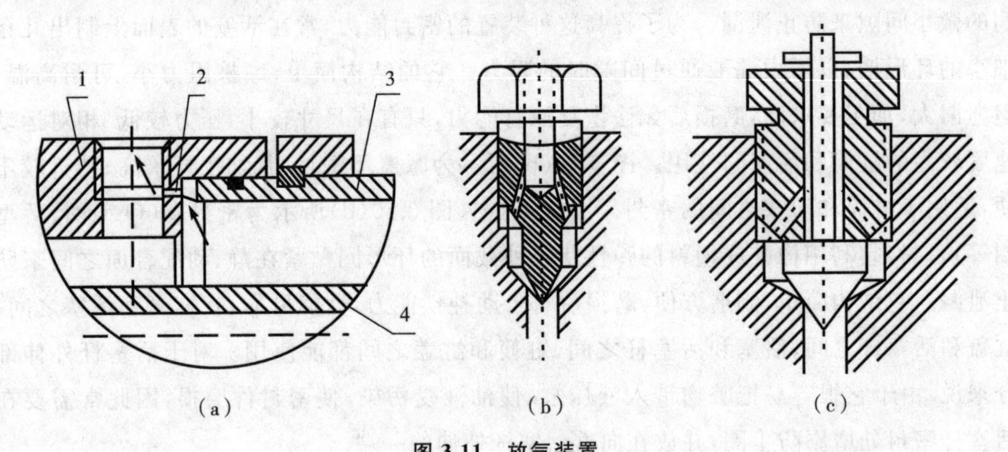

图3.11　放气装置

1.缸盖　2.放气小孔　3.缸体　4.活塞杆

第四章

液压控制阀

第一节　概　　述

一、液压阀的作用

液压阀是用来控制液压系统中油液的流动方向或调节其压力和流量的,因此它可分为方向阀、压力阀和流量阀三大类。一个形状相同的阀,可以因为作用机制的不同,而具有不同的功能。压力阀和流量阀利用通流截面的节流作用控制着系统的压力和流量,而方向阀则利用通流通道的更换控制着油液的流动方向。这就是说,尽管液压阀存在着各种各样的不同类型,但它们之间还是保持着一些基本的共同之处。例如:

(1) 在结构上,所有的阀都有阀体、阀芯(转阀或滑阀)和驱使阀芯动作的元部件(如弹簧、电磁铁)组成 。

(2) 在工作原理上,所有阀的开口大小、阀进、出口间压差以及流过阀的流量之间的关系都符合孔口流量公式,仅是各种阀的控制参数不同。

二、液压阀的分类

液压阀可按不同的特征进行分类,如表 4.1 所示。

表 4.1 液压阀的分类

分类方法	种类	详细分类
按机能分类	压力控制阀	溢流阀、顺序阀、卸荷阀、平衡阀、减压阀、比例压力控制阀、缓冲阀、仪表截止阀、限压切断阀、压力继电器
	流量控制阀	节流阀、单向节流阀、调速阀、分流阀、集流阀、比例流量控制阀
	方向控制阀	单向阀、液控单向阀、换向阀、行程减速阀、充液阀、梭阀、比例方向阀
按结构分类	滑阀	圆柱滑阀、旋转阀、平板滑阀
	座阀	椎阀、球阀、喷嘴挡板阀
	射流管阀	射流阀
按操作方法分类	手动阀	手把及手轮、踏板、杠杆
	机动阀	挡块及碰块、弹簧、液压、气动
	电动阀	电磁铁控制、伺服电动机和步进电动机控制
按连接方式分类	管式连接	螺纹式连接、法兰式连接
	板式及叠加式连接	单层连接板式、双层连接板式、整体连接板式、叠加阀
	插装式连接	螺纹式插装(二、三、四通插装阀)、法兰式插装(二通插装阀)
按其他方式分类	开关或定值控制阀	压力控制阀、流量控制阀、方向控制阀
按控制方式分类	电液比例阀	电液比例压力阀、电源比例流量阀、电液比例换向阀、电流比例复合阀、电流比例多路阀、三级电液流量伺服阀
	伺服阀	单(喷嘴挡板式、动圈式)电液流量伺服阀、两级(喷嘴挡板式、动圈式)电液流量伺服阀、三级电液流量伺服阀
	数字控制阀	数字控制压力阀、数字控制流量阀与方向阀

三、对液压阀的基本要求

(1) 动作灵敏,使用可靠,工作时冲击和振动小;

(2) 油液流过的压力损失小;

(3) 密封性能好;

(4) 结构紧凑,安装、调整、使用、维护方便,通用性大。

第二节　方向控制阀

一、单向阀

液压系统中常见的单向阀有普通单向阀和液控单向阀两种。

（一）普通单向阀

普通单向阀的作用是使油液只能沿一个方向流动，不许它反向倒流。图 4.1(a)所示是一种管式普通单向阀的结构。当压力油从阀体左端的通口 P_1 流入时，克服弹簧 3 作用在阀芯 2 上的力，使阀芯向右移动，打开阀口，并通过阀芯 2 上的径向孔 a、轴向孔 b 从阀体右端的通口流出。但是当压力油从阀体右端的通口 P_2 流入时，它和弹簧力一起使阀芯锥面压紧在阀座上，使阀口关闭，油液无法通过。图 4.1(b)所示是单向阀的职能符号图。

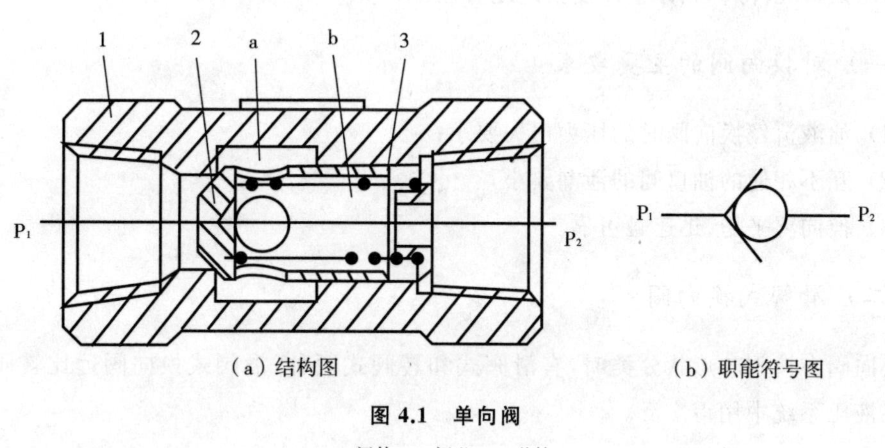

（a）结构图　　（b）职能符号图

图 4.1　单向阀

1.阀体　2.阀芯　3.弹簧

（二）液控单向阀

图 4.2(a)所示是液控单向阀的结构。当控制口 K 处无压力油通入时，它的工作机制和普通单向阀一样，压力油只能从通口 P_1 流向通口 P_2，不能反向倒流。当控制口 K 有控制压力油时，因控制活塞 1 右侧 a 腔通泄油口，活塞 1 右移，推动顶杆 2 顶开阀芯 3，使通口 P_1 和 P_2 接通，油液就可在两个方向自由流通。图 4.2(b)所示是液控单向阀的职能符号。

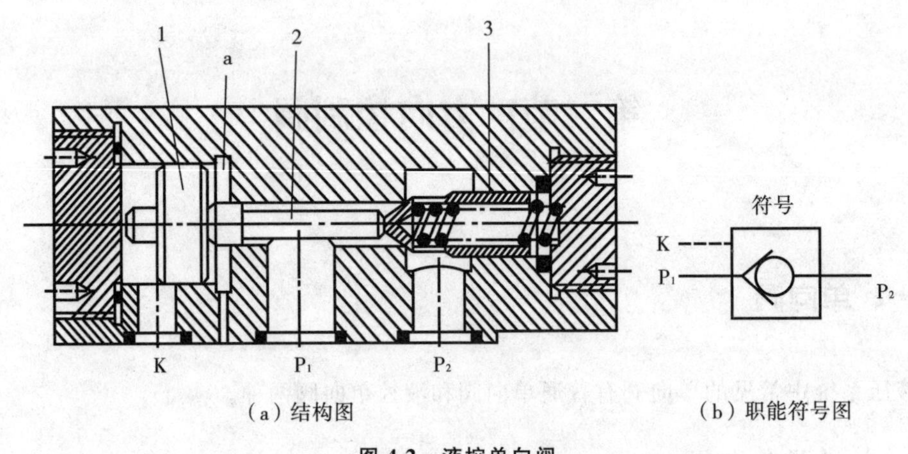

（a）结构图　　（b）职能符号图

图 4.2　液控单向阀

1.活塞　2.顶杆　3.阀芯

二、换向阀

换向阀利用阀芯相对于阀体的相对运动，使油路接通、关断，或变换油流的方向，从而使液压执行元件启动、停止或变换运动方向。

（一）对换向阀的主要要求

（1）油液流经换向阀时的压力损失要小；

（2）互不相通的油口间的泄漏要小；

（3）换向要平稳、迅速且可靠。

（二）滑阀式换向阀

换向阀在按阀芯形状分类时，有滑阀式和转阀式两种，滑阀式换向阀远比转阀式换向阀在液压系统中用得广泛。

1. 结构主体

阀体和滑动阀芯是滑阀式换向阀的结构主体，表 4.2 所示是其最常见的结构形式。由表可见，阀体上开有多个通口，阀芯移动后可以停留在不同的工作位置上。

当阀芯处在中间位置时，五个通口都关闭；当阀芯移向左端时，通口 T_2 关闭，通口 P 和 B 相通，通口 A 和 T_1 相通；当阀芯移向右端时，通口 T_1 关闭，通口 P 和 A 相通，通口 B 和 T_2 相通。这种结构形式具有使五个通口都关闭的工作状态，故可使受它控制的执行元件在任意位置上停止运动。

表 4.2　滑阀式换向阀主体结构形式

名称	结构原理图	职能符号	使用场合		
二位二通阀	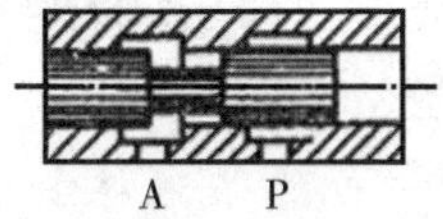 A　P	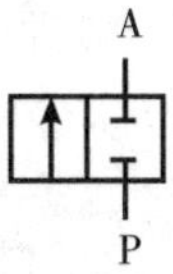 A P	控制油路的接通与切断(相当)于一个开关		
二位三通阀	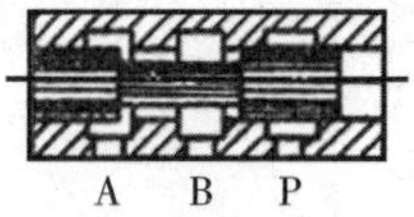 A　B　P	 A B P	控制液流方向(从一个方向变换成另一个方向)		
二位四通阀	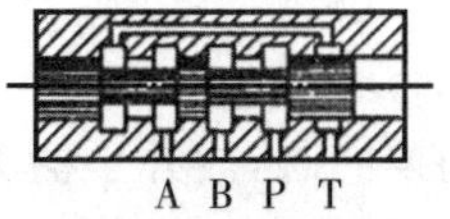 A　B　P　T	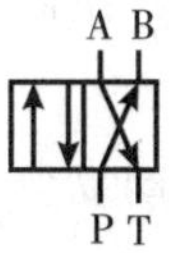 A B P T	控制执行元件换向	不能使执行元件在任一位置上停止运动	执行元件正反向运动时间、回油方式相同
三位四通阀	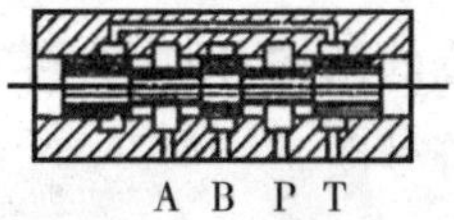 A　B　P　T	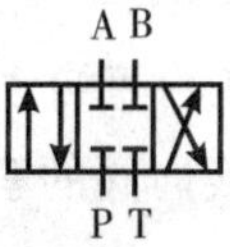 A B P T	控制执行元件换向	能使执行元件在任一位置上停止运动	执行元件正反向运动时间、回油方式相同
二位五通阀	T_1 A　P　B T_2	A B T_1PT_2	控制执行元件换向	不能使执行元件在任一位置上停止运动	执行元件正反向运动时间相同，以得到不同的回油方式
三位五通阀	T_1 A　P　B T_2	A B T_2PT_1	控制执行元件换向	能使执行元件在任一位置上停止运动	执行元件正反向运动时间相同，以得到不同的回油方式

2. 滑阀的操纵方式

常见的滑阀操纵方式如图 4.3 所示。

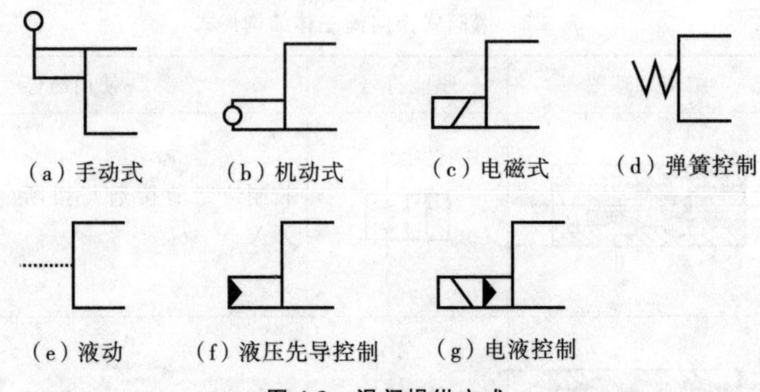

图 4.3 滑阀操纵方式

3. 换向阀的结构

在液压传动系统中广泛采用的是滑阀式换向阀，下面介绍滑阀式换向阀的几种典型结构。

(1) 手动换向阀。图 4.4(a)所示为自动复位式手动换向阀，放开手柄 1，阀芯 2 在弹簧 3 的作用下自动回复中位，该阀适用于动作频繁、工作持续时间短的场合，操作比较安全，常用于工程机械的液压传动系统中。

如果将该阀阀芯左端弹簧 3 的部位改为可自动定位的结构，即成为可在三个位置定位的手动换向阀。图 4.4(b)所示为手动换向阀的职能符号图。

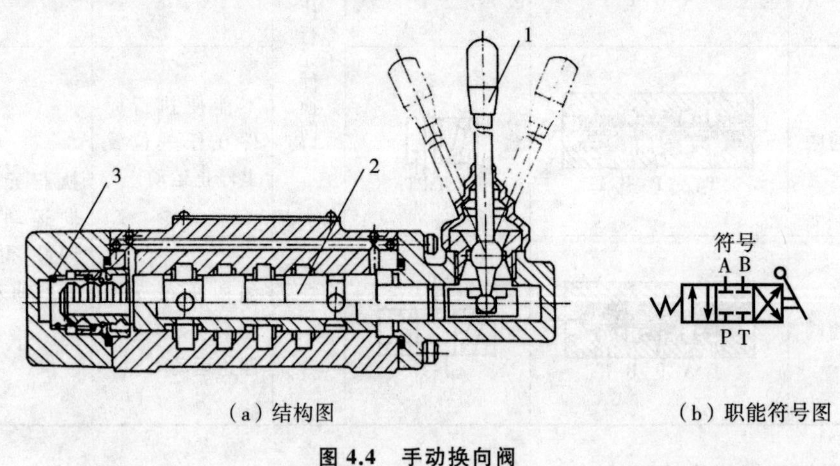

图 4.4 手动换向阀

1.手柄 2.阀芯 3.弹簧

(2) 机动换向阀。机动换向阀又称行程阀，它主要用来控制机械运动部件的行程，是借助于安装在工作台上的挡铁或凸轮来迫使阀芯移动，从而控制油液的流动方向。机动换向阀通常是二位的，有二通、三通、四通和五通几种，其中二位二通机动阀又分常闭和常开两种。图 4.5(a)所示为滚轮式二位三通常闭式机动换向阀，在图示位置阀芯 2 被弹簧 1 压向上端，油腔 P 和 A 通，B 口关闭。当挡铁或凸轮压住滚轮 4，使阀芯 2 移动到下端时，就使油腔 P 和 A 断开，P 和 B 接通，A 口关闭。图 4.5(b)所示为其职能符号。

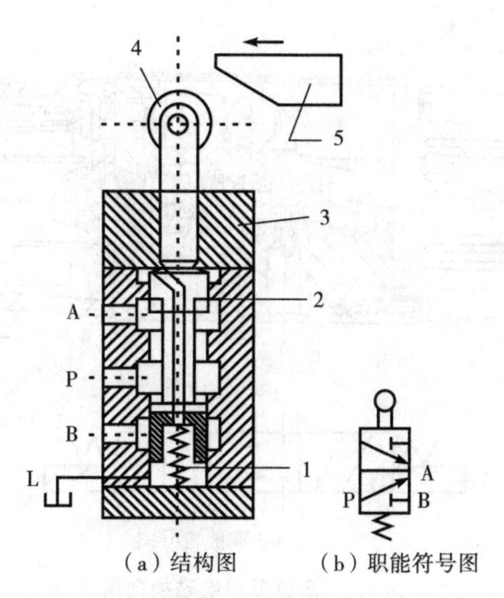

(a)结构图　　(b)职能符号图

图 4.5　机动换向阀

1.弹簧　2.阀芯　3.压盖　4.滚轮　5.挡铁

(3) 电磁换向阀。电磁换向阀利用电磁铁的通电吸合与断电释放来直接推动阀芯控制液流方向。它是电气系统与液压系统之间的信号转换元件,它的电气信号由图4.6(b)所示的按钮开关、限位开关、行程开关等电气元件发出,组件推杆1、阀芯2、弹簧3可以使液压系统方便地实现各种操作及自动顺序动作。

如图4.6(a)所示为二位三通交流电磁换向阀结构,油口P和A相通,油口B断开;当电磁铁通电吸合时,推杆1将阀芯2推向右端,这时油口P和A断开,而与B相通。当磁铁断电释放时,弹簧3推动阀芯复位。

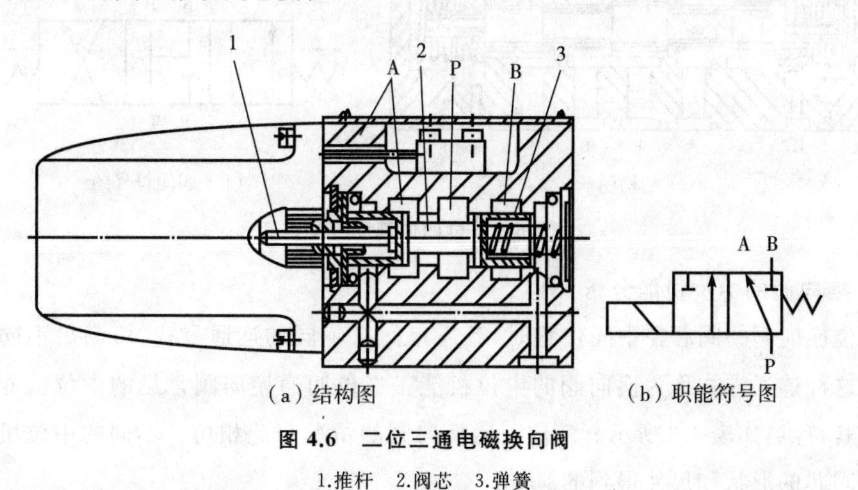

(a)结构图　　(b)职能符号图

图 4.6　二位三通电磁换向阀

1.推杆　2.阀芯　3.弹簧

如前所述,电磁换向阀就其工作位置来说,有二位和三位等。二位电磁阀有一个电磁铁,靠弹簧复位;三位电磁阀有两个电磁铁,图4.7所示为一种三位五通电磁换向阀的结构和职能符号。

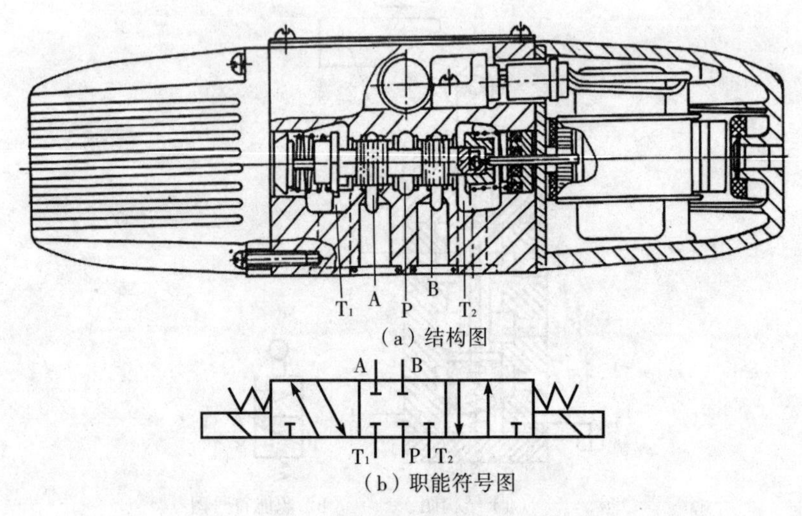

(a) 结构图

(b) 职能符号图

图 4.7 三位五通电磁换向阀

(4) 液动换向阀。液动换向阀是利用控制油路的压力油来改变阀芯位置的换向阀，图 4.8 所示为三位四通液动换向阀的结构和职能符号。阀芯是靠其两端密封腔中油液的压差来移动的。当控制油路的压力油从阀右边的控制油口 K_2 进入滑阀右腔时，K_1 接通回油，阀芯向左移动，使压力油口 P 与 B 相通，A 与 T 相通；当 K_1 接通压力油，K_2 接通回油时，阀芯向右移动，使得 P 与 A 相通，B 与 T 相通；当 K_1、K_2 都通回油时，阀芯在两端弹簧和定位套作用下回到中间位置。

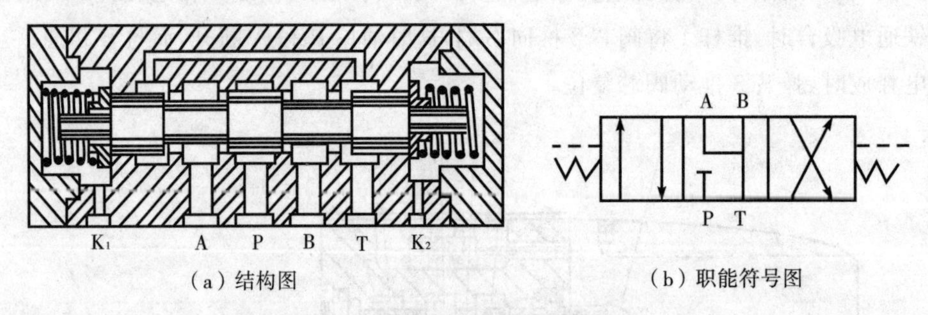

(a) 结构图　　(b) 职能符号图

图 4.8 三位四通液动换向阀

4. 换向阀的中位机能分析

三位换向阀的阀芯在中间位置时，各通口间有不同的连通方式，可满足不同的使用要求。这种连通方式称为换向阀的中位机能。三位四通换向阀常见的中位机能、型号、符号及其特点，如表 4.3 所示。三位五通换向阀的情况与此相仿。不同的中位机能是通过改变阀芯的形状和尺寸得到的。

在分析和选择阀的中位机能时，通常考虑以下几点：

(1) 系统保压。当 P 口被堵塞时，系统保压，液压泵能用于多缸系统。当 P 口不太通畅地与 T 口接通时(如 X 型)，系统能保持一定的压力供控制油路使用。

表 4.3　三位四通换向阀

滑阀机能	符号	中位油口状况、特点及应用
O 型	A B P T	P、A、B、T 四油口全封闭；液压泵不卸荷，液压缸闭锁；可用于多个换向阀的并联工作
H 型	A B P T	四油口全串通；活塞处于浮动状态，在外力作用下可移动；泵卸荷
Y 型	A B P T	P 口封闭，A、B、T 三油口相通；活塞浮动，在外力作用下可移动；泵不卸荷
K 型	A B P T	P、A、T 三油口相通，B 口封闭；活塞处于闭锁状态；泵卸荷
M 型	A B P T	P、T 口相通，A 与 B 口均封闭；活塞不动；泵卸荷，也可用多个 M 型换向阀并联工作
X 型	A B P T	四油口处于半开启状态；泵基本上卸荷，但仍保持一定压力
P 型	A B P T	P、A、B 三油口相通，T 口封闭；泵与缸两腔相通，可组成差动回路
J 型	A B P T	P 与 A 口封闭，B 与 T 口相通；活塞停止，外力作用下可向一边移动；泵不卸荷
C 型	A B P T	P 与 A 口相通，B 与 T 口皆封闭；活塞处于停止位置
N 型	A B P T	P 和 B 口皆封闭，A 与 T 口相通；与 J 型换向阀机能相似，只是 A 与 B 口互换了，功能也类似
U 型	A B P T	P 和 T 口都封闭，A 与 B 口相通；活塞浮动，在外力作用下可移动；泵不卸荷

（2）系统卸荷。P 口通畅地与 T 口接通时，系统卸荷。

（3）启动平稳性。阀在中位时，对于液压缸某腔（如通油箱），在启动时该腔内因无油液起缓冲作用，启动不太平稳。

（4）液压缸“浮动”和在任意位置上的停止。阀在中位，当 A、B 两口互通时，卧式液压缸呈“浮动”状态,可利用其他机构移动工作台,调整其位置;当 A、B 两口堵塞或与 P 口连接(在非差动情况下)时,则可使液压缸在任意位置处停下来。三位五通换向阀的机能与上述相仿。

5. 主要性能

换向阀的主要性能,以电磁阀的项目为最多,它主要包括下面几项:

(1) 工作可靠性。工作可靠性指电磁铁通电后能否可靠地换向,而断电后能否可靠地复位。工作可靠性主要取决于设计和制造,且和使用也有关系。液动力和液压卡紧力的大小对工作可靠性影响很大,而这两个力与通过阀的流量和压力有关,所以电磁阀只有在一定的流量和压力范围内才能正常工作。这个工作范围的极限称为换向界限。

(2) 压力损失。由于电磁阀的开口很小,故液流流过阀口时产生较大的压力损失。

第三节 压力控制阀

在液压传动系统中,控制油液压力高低的液压阀称之为压力控制阀,简称压力阀。这类阀的共同点是利用作用在阀芯上的液压力和弹簧力相平衡的原理工作的。

在具体的液压系统中,根据工作需要的不同,对压力控制的要求也各不相同。有的需要限制液压系统的最高压力,如安全阀;有的需要稳定液压系统中某处的压力值(或者压力差,压力比等),如溢流阀、减压阀等定压阀;还有的是利用液压力作为信号控制其动作,如顺序阀、压力继电器等。

一、溢流阀

(一) 溢流阀的基本结构及其工作原理

溢流阀的主要作用是对液压系统定压或进行安全保护,几乎在所有的液压系统中都需要用到它,其性能好坏对整个液压系统的正常工作有很大影响。

1. 溢流阀的作用

在液压系统中维持定压是溢流阀的主要用途。它常用于节流调速系统中,和流量控制阀配合使用以调节进入系统的流量,并保持系统的压力基本恒定。图 4.9(a)所示,溢流阀 2 并联于系统中,进入液压缸 4 的流量由节流阀 3 调节。由于定量泵 1 的流量大于液压缸 4 所需的流量,油压升高,将溢流阀 2 打开,多余的油液经溢流阀 2 流回油箱。因此,溢流阀的功用就是在不断的溢流过程中保持系统压力基本不变。

用于过载保护的溢流阀一般称为安全阀。如图 4.9(b)所示的变量泵调速系统，在正常工作时，安全阀 2 关闭，不溢流，只有在系统发生故障、压力升至安全阀的调整值时，阀口才打开，使变量泵排出的油液经溢流阀 2 流回油箱，以保证液压系统的安全。

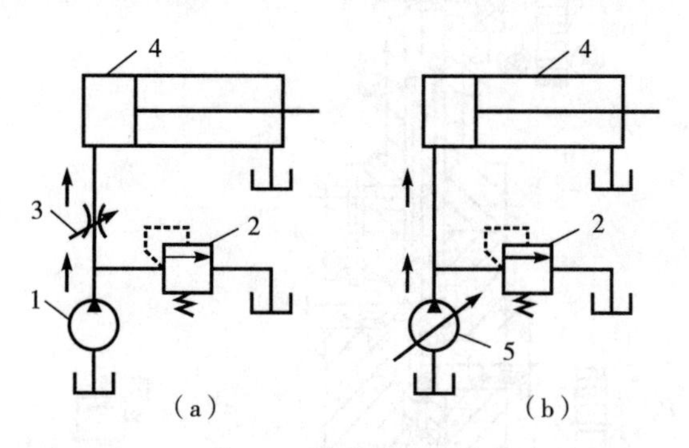

图 4.9　溢流阀的作用

1.定量泵　2.溢流阀　3.节流阀　4.液压缸　5.变量泵

2. 液压系统对溢流阀的性能要求

(1)定压精度高。当流过溢流阀的流量发生变化时，系统中的压力变化要小，即静态压力超调要小。

(2)灵敏度要高。如图 4.9(a)所示，当液压缸 4 突然停止运动时，溢流阀 2 要迅速开大。否则，定量泵 1 输出的油液将因不能及时排出而使系统压力突然升高，并超过溢流阀的调定压力(动态压力超调)，使系统中各元件受力增加，影响其寿命。溢流阀的灵敏度越高，则动态压力超调越小。

(3)工作要平稳，且无振动和噪声。

(4)当阀关闭时，密封要好，泄漏要小。

对于经常开启的溢流阀，主要要求前三项性能；而对于安全阀，则主要要求第二和第四项性能。其实，溢流阀和安全阀都是同一结构的阀，只不过是在不同要求时有不同的作用而已。

(二) 溢流阀的分类

常用的溢流阀按其结构形式和基本动作方式可分为直动式和先导式两种。

1. 直动式溢流阀

直动式溢流阀是依靠系统中的压力油直接作用在阀芯上，且与弹簧力相平衡，以控制阀芯的启闭动作。图 4.10(a)所示是一种低压直动式溢流阀，进口压力油经阀芯 4 中间的阻尼孔作用在阀芯的底部端面上，当进油压力较小时，阀芯在弹簧 2 的作用下处于下端位置，将 P 和 T 两油口隔开。当油压力升高时，在阀芯下端所产生的作用力超过弹簧的压紧力 F，此时，阀芯上升，阀口被打开，将多余的油液排回油箱，阀芯上的阻尼孔用来对阀芯的动作产生阻尼，以提高阀的工作平衡性，调整螺帽 1 可以改变弹簧的压紧力，这样也就调整了溢流阀进口处的油液压力 p。

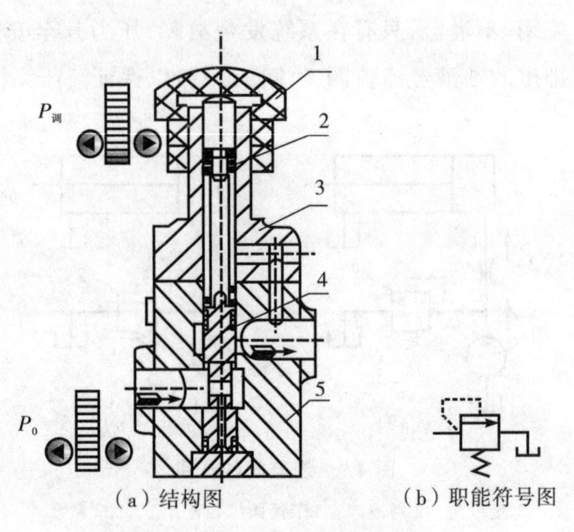

（a）结构图　　（b）职能符号图

图 4.10　低压直动式溢流阀

1.螺帽　2.调压弹簧　3.上盖　4.阀芯　5.阀体

溢流阀是利用被控压力作为信号来改变弹簧的压缩量，从而改变阀口的通流面积和系统的溢流量来达到定压目的的。当系统压力升高时，阀芯上升，阀口通流面积增加，溢流量增大，进而使系统压力下降。溢流阀内部通过阀芯的平衡和运动构成的这种负反馈作用是其定压作用的基本原理，也是所有定压阀的基本工作原理。弹簧力的大小与控制压力成正比，因此如果提高被控压力，一方面可用减小阀芯的面积来达到，另一方面则需增大弹簧力，因受结构限制，须采用大刚度的弹簧。这样，在阀芯相同位移的情况下，弹簧力变化较大，因而该阀的定压精度就低。所以，这种低压直动式溢流阀一般用于压力小于 2.5 MPa 的小流量场合。在常位状态下，溢流阀进、出油口之间是不相通的，而且作用在阀芯上的液压力是由进口油液压力产生的，经溢流阀芯的泄漏油液经内泄漏通道进入回油口 T。

2. 先导式溢流阀

如图 4.11 所示，压力油从 P 口进入，通过阻尼孔 3 后作用在导阀 4 上，当进油口压力较低，导阀上的液压作用力不足以克服导阀右边的弹簧 5 的作用力时，导阀关闭，没有油液流过阻尼孔，所以主阀芯 2 两端压力相等，在较软的主阀弹簧 1 作用下主阀芯 2 处于最下端位置，溢流阀阀口 P 和 T 隔断，没有溢流。当进油口压力升高到作用在导阀上的液压力大于导阀弹簧作用力时，导阀打开，压力油就可通过阻尼孔，经导阀流回油箱，由于阻尼孔的作用，使主阀芯上端的液压力 p_2 小于下端压力 p_1，当这个压力差作用在面积为 AB 的主阀芯上的力等于或超过主阀弹簧力 F_s、轴向稳态液动力 F_{bs}、摩擦力 F_f 和主阀芯自重 G 时，主阀芯开启，油液从 P 口流入，经主阀阀口由 T 流回油箱，实现溢流。

由于油液通过阻尼孔而产生的 p_1 与 p_2 之间的压差值不太大，所以主阀芯只需一个小刚度的软弹簧即可；而作用在导阀阀芯 4 上的液压力 p_2 与导阀阀芯面积的乘积即为导阀弹簧 5 的调压弹簧力，由于导阀阀芯一般为锥阀，受压面积较小，所以用一个刚度不太大的弹簧即可调整较高的开启压力 p_2，用螺钉调节导阀弹簧的预紧力，就可调节溢流阀的溢流压力。

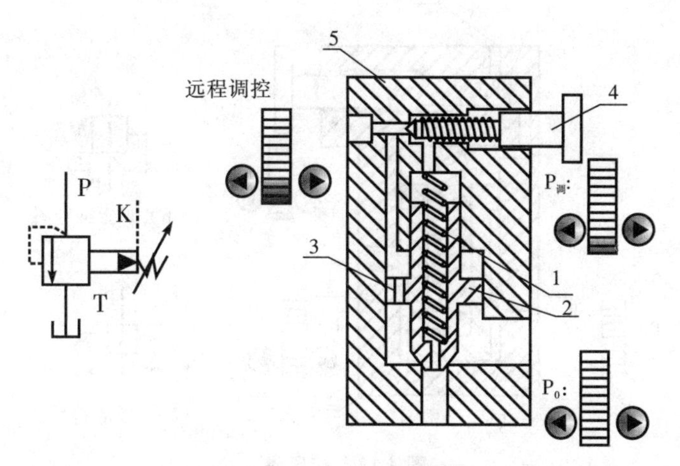

图 4.11　先导式溢流阀

1.主阀弹簧　2.主阀芯　3.阻尼孔　4.导阀阀芯　5.导阀弹簧

先导式溢流阀有一个远程控制口 K，如果将 K 口用油管接到另一个远程调压阀（远程调压阀的结构和溢流阀的先导控制部分一样），调节远程调压阀的弹簧力，即可调节溢流阀主阀芯上端的液压力，从而对溢流阀的溢流压力实现远程调压。但是，远程调压阀所能调节的最高压力不得超过溢流阀本身导阀的调整压力。当远程控制口 K 通过二位二通阀接通油箱时，主阀芯上端的压力接近于零，主阀芯上移到最高位置，阀口开得很大。由于主阀弹簧较软，这时溢流阀 P 口处压力很低，系统的油液在低压下通过溢流阀流回油箱，实现卸荷。

二、减压阀

减压阀是使出口压力（二次压力）低于进口压力（一次压力）的一种压力控制阀。其作用是使用一个油源能同时提供两个或几个不同压力的输出，并使某一回路的油液压力低于系统压力。减压阀在各种液压设备的夹紧系统、润滑系统和控制系统中应用较多。此外，当油液压力不稳定时，在回路中串入一减压阀可得到一个稳定的较低的压力。

图 4.12(a)所示为直动式减压阀的结构示意图。P_1 口是进油口，P_2 口是出油口，阀不工作时，阀芯在弹簧作用下处于最下端位置，阀的进、出油口是相通的，即阀是常开的。若出口压力增大，使作用在阀芯下端的压力大于弹簧力时，阀芯上移，关小阀口，这时阀处于工作状态。若忽略其他阻力，仅考虑作用在阀芯上的液压力和弹簧力相平衡的条件，则可以认为出口压力基本上维持在某一定值（调定值）上。这时如出口压力减小，阀

芯就下移，开大阀口，阀口处阻力减小，压降减小，使出口压力回升到调定值；反之，若出口压力增大，则阀芯上移，关小阀口，阀口处阻力加大，压降增大，使出口压力下降到调定值。

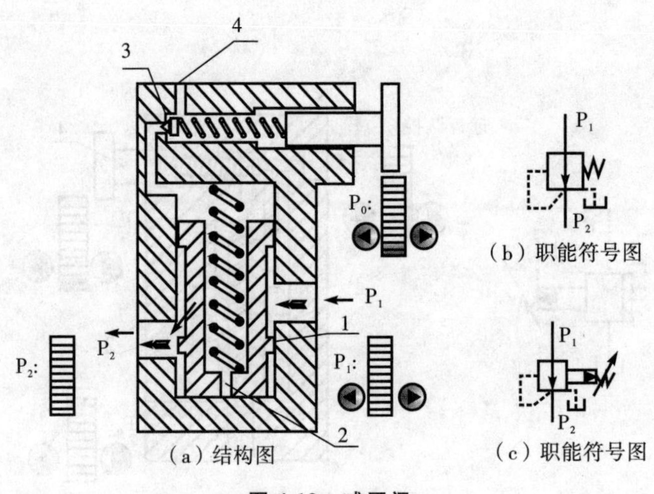

（a）结构图　（b）职能符号图　（c）职能符号图

图 4.12　减压阀

1.主阀芯　2.阻尼孔　3.先导阀口　4.外泄漏油口

将先导式减压阀和先导式溢流阀进行比较，它们之间有几点不同之处：

(1)减压阀保持出口压力基本不变，而溢流阀保持进口处压力基本不变。

(2)在不工作时，减压阀进、出油口互通，而溢流阀进、出油口不通。

(3)为保证减压阀出口压力调定值恒定，它的导阀弹簧腔需通过泄油口单独外接油箱；而溢流阀的出油口是通油箱的，所以它的导阀的弹簧腔与出油口相通，泄漏油可通过阀体上的通道直接到出油口，不必单独外接。

三、顺序阀

顺序阀是用来控制液压系统中各执行元件动作的先后顺序。依控制压力的不同，顺序阀又可分为内控式和外控式两种。前者用阀的进口压力控制阀芯的启闭，后者用外来的控制压力油控制阀芯的启闭(即液控顺序阀)。顺序阀也有直动式和先导式两种，前者一般用于低压系统，后者用于中高压系统。

当进油口压力 p_1 较低时，阀芯在弹簧作用下处下端位置，进油口和出油口不相通。当作用在阀芯下端的油液的液压力大于弹簧的预紧力时，阀芯向上移动，阀口打开，油液便经阀口从出油口流出，从而操纵另一执行元件或其他元件动作。由图可见，顺序阀和溢流阀的结构基本相似，不同的只是顺序阀的出油口通向系统的另一压力油路，而溢流阀的出油口通油箱。此外，由于顺序阀的进、出油口均为压力油，所以它的泄油口 L 必须单独外接油箱。

直动式外控顺序阀的工作原理图和图形符号如图 4.13 所示，和上述顺序阀的差别仅仅在于其下部有一控制油口 K，阀芯的启闭是利用通入控制油口 K 的外部控制油来控制。图 4.14 所示为先导式顺序阀的工作原理图和图形符号，其工作原理可仿前述的先导式溢流阀推演，在此不再重复。

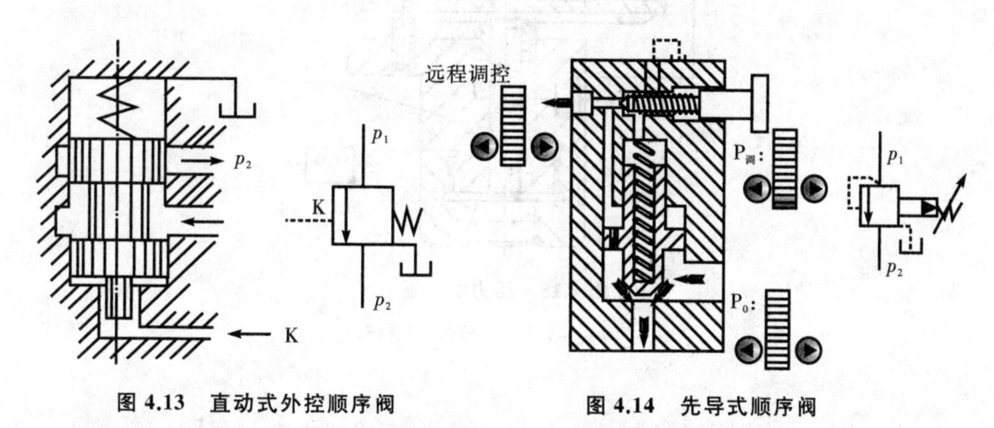

图 4.13　直动式外控顺序阀　　**图 4.14　先导式顺序阀**

将先导式顺序阀和先导式溢流阀进行比较，两者有以下不同之处：

(1) 溢流阀的进口压力在通流状态下基本不变，而顺序阀在通流状态下其进口压力由出口压力而定，如果出口压力 p_2 比进口压力 p_1 低的多时，p_1 基本不变，而当 p_2 增大到一定程度，p_1 也随之增加，则 $p_1=p_2+\Delta p$，Δp 为顺序阀上的损失压力。

(2) 溢流阀为内泄漏，而顺序阀需单独引出泄漏通道，为外泄漏。

(3) 溢流阀的出口必须回油箱，顺序阀出口可接负载。

四、压力继电器

压力继电器是一种将油液的压力信号转换成电信号的电液控制元件，当油液压力达到压力继电器的调定压力时，即发出电信号，以控制电磁铁、电磁离合器、继电器等元件动作，使油路卸压、换向、执行元件实现顺序动作或关闭电动机，使系统停止工作，起安全保护作用等。图 4.15 所示为常用柱塞式压力继电器的结构示意图和职能符号。当从压力继电器下端进油口通入的油液压力达到调定压力值时，推动柱塞 1 上移，此位移通过杠杆 2 放大后推动开关 4 动作。改变弹簧 3 的压缩量即可以调节压力继电器的动作压力。

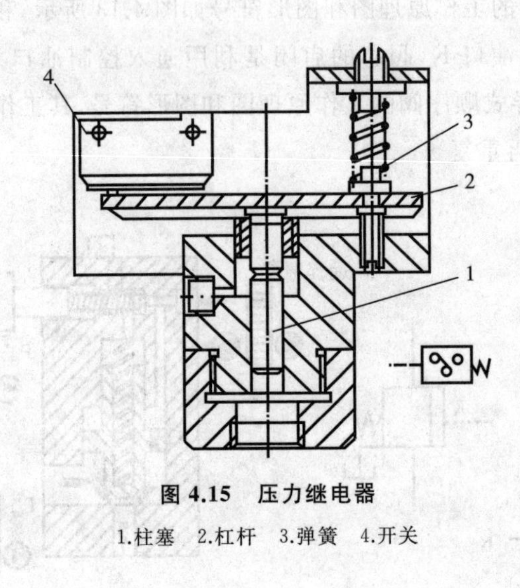

图 4.15 压力继电器

1.柱塞 2.杠杆 3.弹簧 4.开关

第四节 流量控制阀

液压系统中执行元件运动速度的大小，由输入执行元件的油液流量的大小来确定。流量控制阀就是依靠改变阀口通流面积（节流口局部阻力）的大小或通流通道的长短来控制流量的液压阀类。常用的流量控制阀有普通节流阀、压力补偿或温度补偿调速阀、溢流节流阀和分流集流阀等。

一、普通节流阀

图 4.16 所示为一种普通节流阀的结构和图形符号。这种节流阀的节流通道呈轴向三角槽式。压力油从进油口 P_1 流入孔道 a 和阀芯 1 左端的三角槽进入孔道 b，再从出油口 P_2 流出。调节手柄 3，可通过推杆 2 使阀芯做轴向移动，以改变节流口的通流截面积来调节流量。阀芯在弹簧的作用下始终贴紧在推杆上，这种节流阀的进出油口可互换。

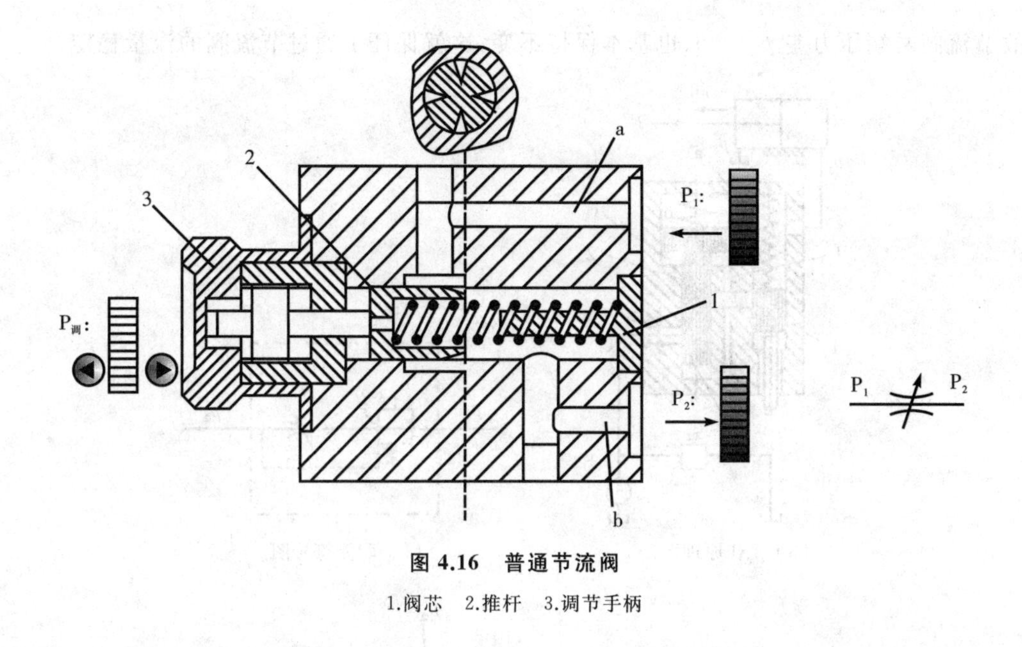

图 4.16 普通节流阀

1.阀芯 2.推杆 3.调节手柄

二、调速阀

普通节流阀由于刚性差,在节流开口一定的条件下,通过它的工作流量受工作负载(亦即其出口压力)变化的影响,不能保持执行元件运动速度的稳定,因此只适用于工作负载变化不大和速度稳定性要求不高的场合。由于工作负载的变化很难避免,为了改善调速系统的性能,通常是对节流阀进行补偿,即采取措施使节流阀前后压力差在负载变化时始终保持不变。

油温的变化将引起油黏度的变化,从而导致通过节流阀的流量发生变化,为此出现了温度补偿调速阀。

调速阀是在节流阀 2 前面串接一个定差减压阀 1 组合而成。图 4.17 所示为其工作原理图。液压泵的出口(即调速阀的进口)压力 p_1 由溢流阀调整,基本不变,而调速阀的出口压力 p_3 则由液压缸负载 F 决定。油液先经减压阀产生一次压力降,将压力降到 p_2,p_2 经通道 e、f 作用到减压阀的 d 腔和 c 腔;节流阀的出口压力 p_3 又经反馈通道 a 作用到减压阀的上腔 b,当减压阀的阀芯在弹簧力 F_s、油液压力 p_2 和 p_3 作用下处于某一平衡位置时(忽略摩擦力和液动力等),则有

$$p_2A_1+p_2A_2=p_3A+F_s$$

式中,A、A_1 和 A_2 分别为 b 腔、c 腔和 d 腔内压力油作用于阀芯的有效面积,且

$$A=A_1+A_2$$

$$p_2-p_3=\Delta p=F_s/A$$

因为弹簧刚度较低,且工作过程中减压阀阀芯位移很小,可以认为 F_s 基本保持不变。

故节流阀两端压力差 p_2-p_3 也基本保持不变，这就保证了通过节流阀的流量稳定。

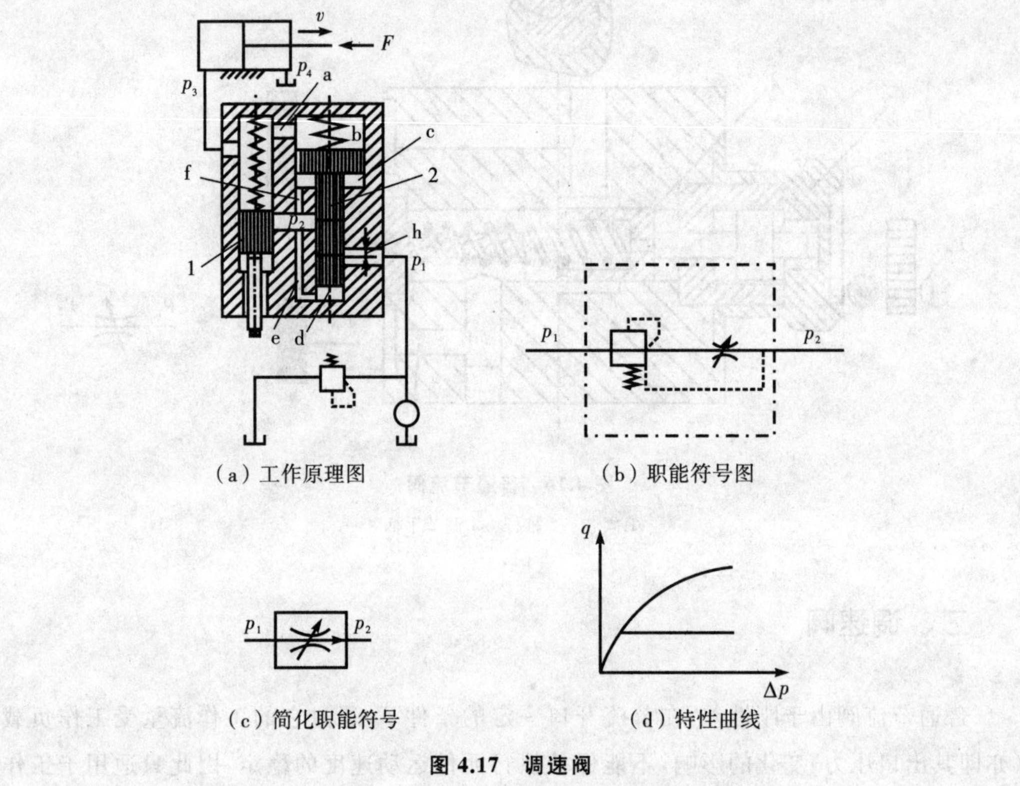

（a）工作原理图　（b）职能符号图

（c）简化职能符号　（d）特性曲线

图 4.17　调速阀

1.减压阀　2.节流阀

液压系统中的辅助装置，如蓄能器、滤油器、油箱、热交换器、管件等，对系统的动态性能、工作稳定性、工作寿命、噪声和温升等都有直接影响，必须予以重视。其中，油箱需根据系统要求自行设计，其他辅助装置则做成标准件，供设计时选用。

第一节 蓄 能 器

一、功用和分类

（一）功用

蓄能器的功用主要是储存油液多余的压力能，并在需要时释放出来。在液压系统中蓄能器常用来：

1. 在短时间内供应大量压力油液

实现周期性动作的液压系统，在系统不需大量油液时，可以把液压泵输出的多余压力油液储存在蓄能器内，到需要时再由蓄能器快速释放给系统。这样就可使系统选用流量等于循环周期内平均流量 q_m 的液压泵，以减小电动机功率消耗，降低系统温升。

2. 维持系统压力

在液压泵停止向系统提供油液的情况下，蓄能器能把储存的压力油液供给系统，补偿系统泄漏或充当应急能源，使系统在一段时间内维持系统压力，在停电或系统发生故障时，避免油源突然中断所造成的机件损坏。

3. 减小液压冲击或压力脉动

蓄能器能吸收冲击和脉动，大大减小其幅值。

（二）分类

蓄能器主要有弹簧式和充气式两大类，其中充气式又包括气瓶式、活塞式和皮囊式三种，蓄能器的结构简图和特点如表 5.1 所示。过去有一种重力式蓄能器，体积庞大、结构笨重、反应迟钝，现在工业上已很少应用。

表 5.1 蓄能器的种类和特点

名称		结构简图	特点和说明
弹簧式		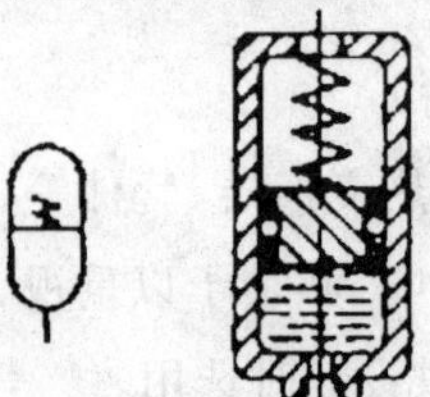	1. 利用弹簧的压缩和伸长来储存、释放压力能 2. 结构简单，反应灵敏，但容量小 3. 供小容量、低压（$p \leqslant 1.2$ MPa）回路缓冲之用，不适用于高压或高频的工作场合
充气式	气瓶式	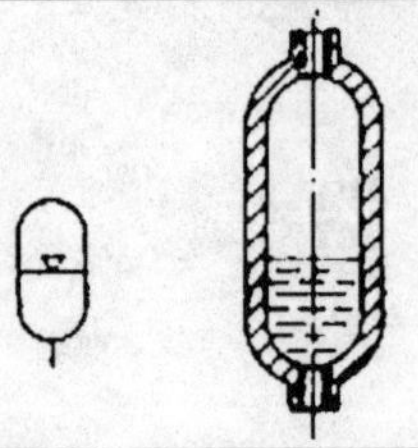	1. 利用气体的压缩和膨胀来储存、释放压力能（气体和油液在蓄能器中直接接触） 2. 容量大、惯性小、反应灵敏、轮廓尺寸小，但气体容易混入油内，影响系统工作平稳性 3. 只适用于大流量的中、低压回路
	活塞式	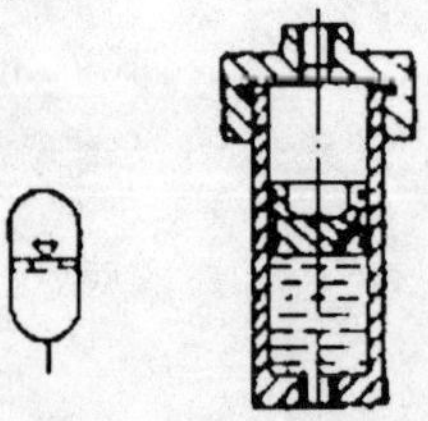	1. 利用气体的压缩和膨胀来储存、释放压力能（气体和油液在蓄能器中由活塞隔开） 2. 结构简单、工作可靠、安装容易、维护方便，但活塞惯性大，活塞和缸壁之间有摩擦，反应不够灵敏，密封要求较高 3. 用来储存能量或供中、高压系统吸收压力脉动之用
	皮囊式	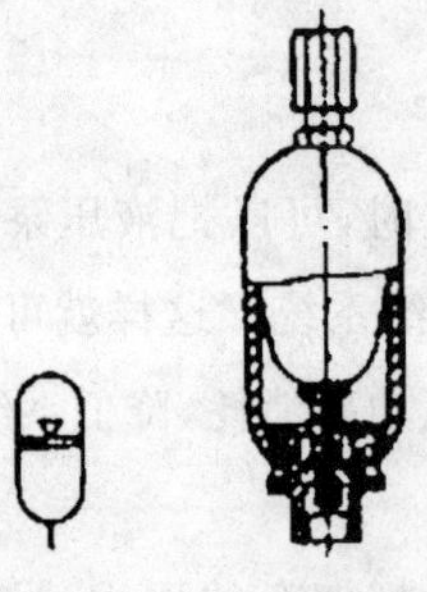	1. 利用气体的压缩和膨胀来储存、释放压力能（气体和油液在蓄能器中由皮囊隔开） 2. 带弹簧的菌状进油阀使油液能进入蓄能器，并防止皮囊自油口被挤出，充气阀只在蓄能器工作前皮囊充气时打开，蓄能器工作时则关闭 3. 结构尺寸小、重量轻、安装方便、维护容易、皮囊惯性小、反应灵敏，但皮囊和壳体制造都较难 4. 折合型皮囊容量较大，可用来储存能量；波纹型皮囊适用于吸收冲击

二、使用和安装

蓄能器在液压回路中的安放位置随其功用不同而不同。吸收液压冲击或压力脉动时，宜放在冲击源或脉动源近旁；补油保压时，宜放在尽可能接近相关执行元件处。

使用蓄能器须注意如下几点：

(1) 充气式蓄能器中应使用惰性气体(一般为氮气)，允许的工作压力视蓄能器结构形式而定。

(2) 不同的蓄能器各有其适用的工作范围。

(3) 装在管路上的蓄能器须用支板或支架固定。

(4) 蓄能器与管路系统之间应安装截止阀，供充气、检修时使用。蓄能器与液压泵之间应安装单向阀，防止液压泵停车时蓄能器内储存的压力油液倒流。

第二节 滤 油 器

一、功用和类型

(一) 功用

滤油器的功用是过滤混在液压油液中的杂质，降低进入系统中油液的污染度，保证系统正常地工作。

(二) 类型

滤油器按其滤芯材料的过滤机制来分，有表面型滤油器、深度型滤油器和吸附型滤油器三种。

1. 表面型滤油器

整个过滤作用是由一个几何面来实现的。滤下的污染杂质被截留在滤芯元件靠油液上游的一面。在这里，滤芯材料具有均匀的标定小孔，可以滤除比小孔尺寸大的杂质。由于污染杂质积聚在滤芯表面上，因此它很容易被阻塞住。编网式滤芯、线隙式滤芯属于这种类型。

2. 深度型滤油器

这种滤芯材料为多孔可透性材料，内部具有曲折迂回的通道。大于表面孔径的杂质直接被截留在外表面，较小的污染杂质进入滤材内部，撞到通道壁上，由于吸附作用而得到滤除。滤材内部曲折的通道也有利于污染杂质的沉积。纸心滤芯、毛毡滤芯、烧结金属滤芯、陶瓷滤芯和各种纤维制品滤芯等属于这种类型。

3. 吸附型滤油器

这种滤芯材料把油液中的有关杂质吸附在其表面上。

二、选用和安装

（一） 选用

滤油器按其过滤精度（滤去杂质的颗粒大小）的不同，有粗过滤器、普通过滤器、精密过滤器和特精过滤器四种，它们分别能滤去大于 100 μm、10～100 μm、5～10 μm 和 1～5 μm大小的杂质。

选用滤油器时，要考虑下列几点：

(1) 过滤精度应满足预定要求。

(2) 能在较长时间内保持足够的通流能力。

(3) 滤芯具有足够的强度，不因液压的作用而损坏。

(4) 滤芯抗腐蚀性能好，能在规定的温度下持久的工作。

(5) 滤芯清洗或更换简便。

因此，滤油器应根据液压系统的技术要求，按过滤精度、通流能力、工作压力、油液黏度、工作温度等条件选定相应型号。

（二） 滤油器在液压系统中的安装位置

通常有以下几种：

(1) 安装在泵的吸油口处。泵的吸油路上一般都安装有表面型滤油器，目的是滤去较大的杂质微粒以保护液压泵，此外滤油器的过滤能力应为泵流量的两倍以上，压力损失小于 0.02 MPa。

(2) 安装在泵的出口油路上。此处安装滤油器的目的是用来滤除可能侵入阀类等元件的污染物。其过滤精度应为 10～15 μm，且能承受油路上的工作压力和冲击压力，压力降应小于 0.35 MPa。同时应安装安全阀以防滤油器堵塞。

(3) 安装在系统的回油路上。这种安装起间接过滤作用，一般与过滤器并联安装一个背压阀，当过滤器堵塞达到一定压力值时，背压阀打开。

（4）安装在系统分支油路上。

（5）单独过滤系统。大型液压系统可专设一液压泵和滤油器组成的独立过滤回路。

液压系统中除了整个系统所需的滤油器外，还常常在一些重要元件（如伺服阀、精密节流阀等）的前面单独安装一个专用的精滤油器来确保它们的正常工作。

第三节 油 箱

一、功用

油箱的功用主要是储存油液，此外还起着散发油液中热量（在周围环境温度较低的情况下，则是保持油液中热量）、释出混在油液中的气体、沉淀油液中污物等作用。

二、结构

液压系统中的油箱有整体式和分离式两种。整体式油箱利用主机的内腔作为油箱，这种油箱结构紧凑，各处漏油易于回收，但增加了设计和制造的复杂性，维修不便，散热条件不好，且会使主机产生热变形。分离式油箱单独设置，与主机分开，减少了油箱发热和液压源振对主机工作精度的影响，因此得到了普遍的应用，特别在精密机械上。

油箱的典型结构如图 5.1 所示。油箱内部用隔板 7、9 将吸油管 1 与回油管 4 隔开。顶部、侧部和底部分别装有滤油网 2、油位计 6 和排放污油的放油阀 8。安装液压泵及其驱动电机的安装板 5 则固定在油箱顶面上。

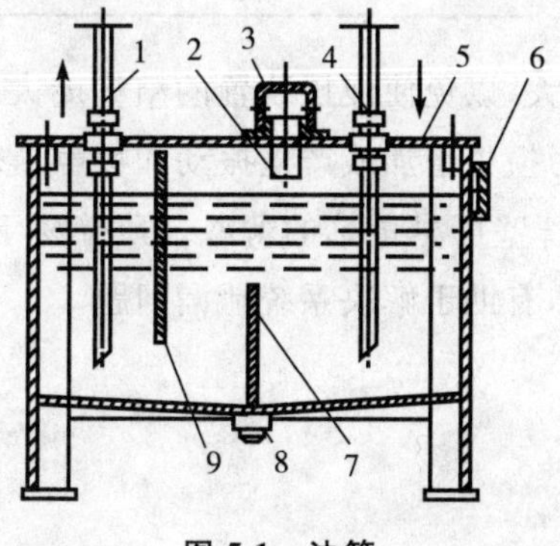

图 5.1 油箱

1.吸油管 2.滤油网 3.盖 4.回油管 5.安装板 6.油位计 7，9.隔板 8.放油阀

第四节 管　件

一、油管

液压系统中使用的油管种类很多，有钢管、铜管、尼龙管、塑料管、橡胶管等，须按照安装位置、工作环境和工作压力来正确选用。油管的特点及其适用范围如表 5.2 所示。

表 5.2　液压系统中使用的油管

种　类		特点和适用场所
硬管	钢管	能承受高压、价格低廉、耐油、抗腐蚀、刚性好，但装配时不能任意弯曲；常在装拆方便处用作压力管道，中、高压用无缝管，低压用焊接管
	紫铜管	易弯曲成各种形状，但承压能力一般不超过 6.5～10 MPa，抗震能力较弱，又易使油液氧化；通常用在液压装置内的配接不便处
软管	尼龙管	乳白色，半透明，加热后可以随意弯曲成形或扩口，冷却后又能定形不变，承压能力因材质而异，自 2.5 MPa 至 8 MPa 不等
	塑料管	质轻耐油、价格便宜、装配方便，但承压能力低，长期使用会变质老化，只适合用作压力低于 0.5 MPa 的回油管、泄油管等
	橡胶管	高压管由耐油橡胶夹几层钢丝编织网制成，钢丝网层数越多，耐压越高，价格越高，用作中、高压系统中两个相对运动件之间的压力管道；低压管由耐油橡胶夹帆布制成，可用作回油管道

油管的管径不宜选的过大，以免使液压装置的结构庞大；但也不能选的过小，以免使管内液体流速加大，系统压力损失增加或产生振动和噪声，影响正常工作。

在保证强度的情况下，管壁可尽量选的薄些。薄壁易于弯曲、规格较多、装接较易，采用它可减少管系接头数目，有助于解决系统泄漏问题。

二、接头

管接头是油管与油管、油管与液压件之间的可拆式连接件，它必须具有装拆方便、连接牢固、密封可靠、外形尺寸小、通流能力大、压降小、工艺性好等优点。

管接头的种类很多，其规格品种可查阅有关手册。液压系统中油管与管接头的常见连接方式如表5.3所示。管路旋入端用的连接螺纹采用国家标准米制锥螺纹（ZM）和普通细牙螺纹（M）。

表5.3　液压系统中常用的管接头

名称	结构简图	特点和说明
焊接式管接头	 球形头	1. 连接牢固，利用球面进行密封，简单可靠 2. 焊接工艺必须保证质量，必须采用厚壁钢管，装拆不便
卡套式管接头	 油管　卡套	1. 用卡套卡住油管进行密封，轴向尺寸要求不严，装拆简便 2. 对油管径向尺寸精度要求较高，为此要采用冷拔无缝钢管
扩口式管接头	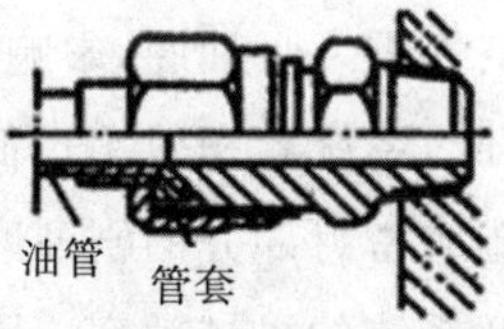 油管　管套	1. 用油管管端的扩口在管套的压紧下进行密封，结构简单 2. 适用于钢管、薄壁钢管、尼龙管和塑料管等低压管道的连接
扣压式管接头		1. 用来连接高压软管 2. 在中、低压系统中应用
固定铰接管接头	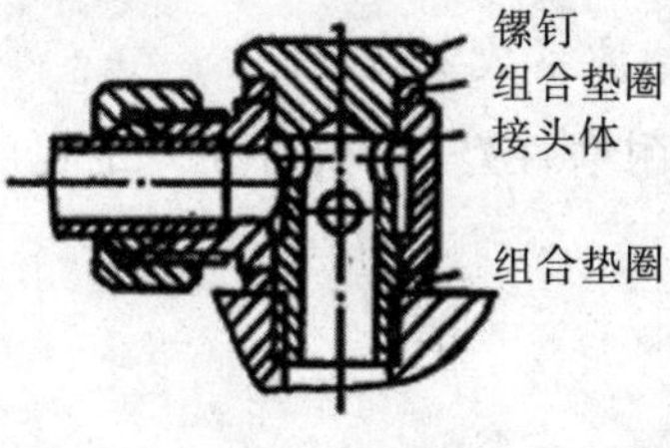 螺钉 组合垫圈 接头体 组合垫圈	1. 是直角接头，优点是可以随意调整布管方向，安装方便，占空间小 2. 接头与管子的连接方法，除卡套式外，还可用焊接式 3. 中间由通油孔的固定螺钉把两个组合垫圈压紧在接头体上进行密封

锥螺纹依靠自身的锥体旋紧和采用聚四氟乙烯等进行密封，广泛用于中、低压液压系统；细牙螺纹密封性好，常用于高压系统，但要采用组合垫圈或O型圈进行端面密封，

有时也可用紫铜垫圈。

液压系统中的泄漏问题大部分都出现在管系中的接头上，为此对管材的选用，接头形式的确定（包括接头设计、垫圈、密封、箍套、防漏涂料的选用等），管系的设计（包括弯管设计、管道支承点和支承形式的选取等）以及管道的安装（包括正确的运输、储存、清洗、组装等）都要审慎从事，以免影响整个液压系统的使用质量。

国外对管子材质、接头形式和连接方法上的研究工作从未间断。最近出现一种用特殊的镍钛合金制造的管接头，它能使低温下受力后发生的变形在升温时消除，即把管接头放入液氮中用芯棒扩大其内径，然后取出来迅速套装在管端上，便可使它在常温下得到牢固、紧密的结合。这种“热缩”式的连接已在航空和其他一些加工行业中得到了应用，它能保证在 40～55 MPa 的工作压力下不出现泄漏。

第五节 密封装置

密封是解决液压系统泄漏问题最重要、最有效的手段。液压系统如果密封不良，可能出现外泄漏，外漏的油液将会污染环境；还可能使空气进入吸油腔，影响液压泵的工作性能和液压执行元件的运动平稳性（爬行）；泄漏严重时，系统容积效率过低，甚至工作压力达不到要求值。若密封过度，虽可防止泄漏，但会造成密封部分的剧烈磨损，缩短密封件的使用寿命，增大液压元件内的运动摩擦阻力，降低系统的机械效率。因此，合理地选用和设计密封装置在液压系统的设计中十分重要。

一、对密封装置的要求

（1）在工作压力和一定的温度范围内，应具有良好的密封性能，并随着压力的增加能自动提高密封性能。

（2）密封装置和运动件之间的摩擦力要小，摩擦系数要稳定。

（3）抗腐蚀能力强，不易老化，工作寿命长，耐磨性好，磨损后在一定程度上能自动补偿。

（4）结构简单，使用、维护方便，价格低廉。

二、密封装置的类型和特点

密封按其工作原理来分可分为非接触式密封和接触式密封。前者主要指间隙密封，后者指密封件密封。

（一）间隙密封

间隙密封是靠相对运动件配合面之间的微小间隙来进行密封的，常用于柱塞、活塞或阀的圆柱配合副中，一般在阀芯的外表面开有几条等距离的均压槽，它的主要作用是使径向压力分布均匀，减少液压卡紧力，同时提高阀芯在孔中的对中性，以减小间隙的方法来减少泄漏。并且，槽所形成的阻力，对减少泄漏也有一定的作用。

这种密封的优点是摩擦力小，缺点是磨损后不能自动补偿，主要用于直径较小的圆柱面之间，如液压泵内的柱塞与缸体之间，滑阀的阀芯与阀孔之间的配合。

（二）O 型密封圈

O 型密封圈（如图 5.2 所示）一般用耐油橡胶制成，其横截面呈圆形，具有良好的密封性能，内外侧和端面都能起密封作用，结构紧凑，运动件的摩擦阻力小，制造容易，装拆方便，成本低，且高、低压均可以用，所以在液压系统中得到广泛的应用。

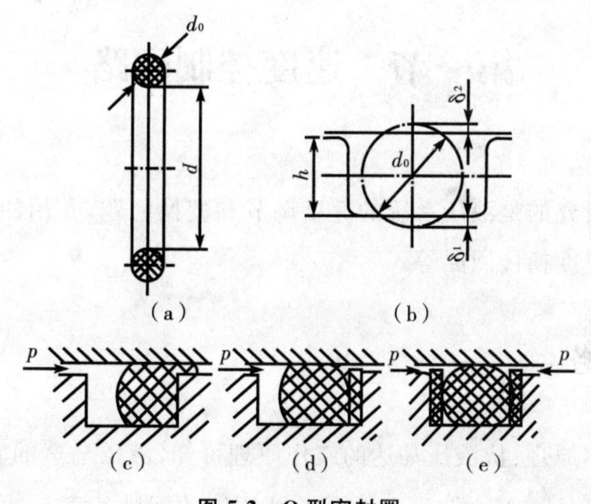

图 5.2　O 型密封圈

（三）组合式密封装置

随着液压技术的应用日益广泛，系统对密封的要求越来越高，普通的密封圈单独使用已不能很好地满足密封性能要求，特别是使用寿命和可靠性方面的要求。因此，研究和开发了由包括密封圈在内的两个以上元件组成的组合式密封装置。

组合式密封装置由于充分发挥了橡胶密封圈和滑环（支持环）的长处，因此不仅工作可靠，摩擦力低而稳定，而且使用寿命比普通橡胶密封提高近百倍，在工程上的应用日益广泛。

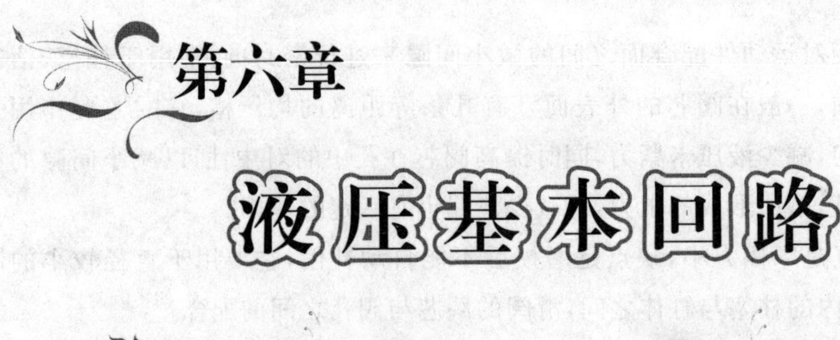

第六章 液压基本回路

第一节　速度控制回路

速度控制回路研究的是液压系统的速度调节和变换问题,常用的速度控制回路有调速回路、快速回路、速度换接回路等。

一、调速回路

调速回路的基本原理:从液压马达的工作原理可知,液压马达的转速 n_M 由输入流量 q 和液压马达的排量 V_M 决定,即 $n_M=q/V_M$,液压缸的运动速度 v 由输入流量和液压缸的有效作用面积 A 决定,即 $v=q/A$。

通过上面的关系可以知道,要想调节液压马达的转速 n_M 或液压缸的运动速度 v,可通过改变输入流量 q、改变液压马达的排量 V_M 和改变缸的有效作用面积 A 等方法来实现。由于液压缸的有效面积 A 是定值,只有通过改变流量 q 的大小来调速,而改变输入流量 q,可以通过采用流量阀或变量泵来实现;改变液压马达的排量 V_M,可通过采用变量液压马达来实现。因此调速回路主要有以下三种方式:

(1) 节流调速回路:由定量泵供油,用流量阀调节进入或流出执行机构的流量来实现调速。

(2) 容积调速回路:用调节变量泵或变量马达的排量来调速。

(3) 容积节流调速回路：用限压变量泵供油，由流量阀调节进入执行机构的流量，并使变量泵的流量与调节阀的调节流量相适应来实现调速。此外还可采用几个定量泵并联，按不同速度需要，启动一个泵或几个泵供油来实现分级调速。

(一)节流调速回路

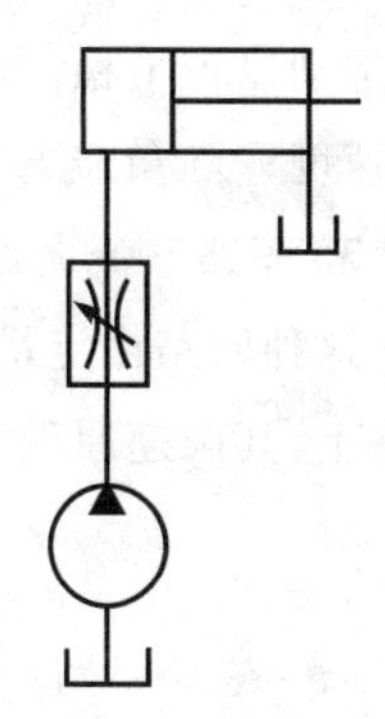

图 6.1　节流调速原理

节流调速回路是通过调节流量阀的通流截面积大小来改变进入执行机构的流量，从而实现运动速度的调节。

如图 6.1 所示，如果调节回路里只有节流阀，则液压泵输出的油液全部经节流阀流进液压缸。改变节流阀节流口的大小，只能改变油液流经节流阀速度的大小，而总的流量不会改变，在这种情况下，节流阀不能起调节流量的作用，液压缸的速度不会改变。

1. 进油节流调速回路

进油节流调速回路是将节流阀装在执行机构的进油路上，其调速原理如图 6.2(a)所示。

进油节流调速回路的优点是：液压缸回油腔和回油管中压力较低，采用单杆活塞杆液压缸，使油液进入无杆腔中，其有效工作面积较大，可以得到较大的推力和较低的运动速度，这种回路多用于要求冲击小、负载变动小的液压系统中。

2. 回油节流调速回路

回油节流调速回路将节流阀安装在液压缸的回油路上，其调速原理如图 6.2(b)所示。

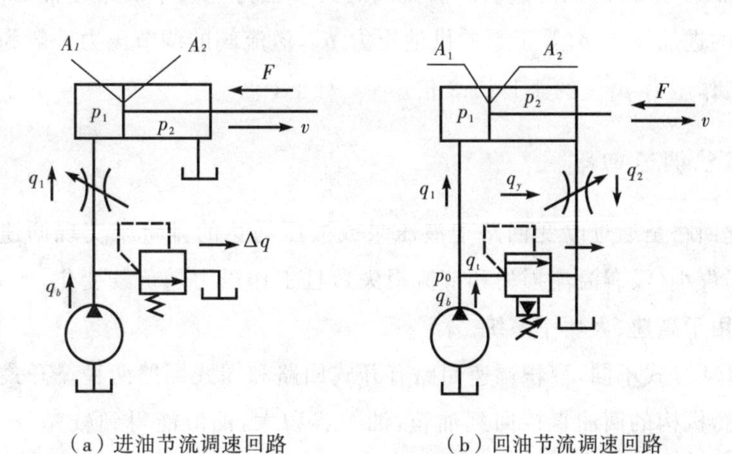

图 6.2　节流调速回路

(1) 回油节流调速回路的原理：因为是定量泵供油，流量恒定，溢流阀调定压力为 p_t，泵的供油压力 p_0，进入液压缸的流量 q_1，液压缸输出的流量 q_2，q_2 由节流阀的调节开

口面积 a 确定，压力 p_1 作用在活塞 A_1 上，压力 p_2 作用在活塞 A_2 上，推动活塞以速度 $v=q_1/A_1$ 向右运动，克服负载 F 做功。

(2) 回油节流调速回路的优点：节流阀在回油路上可以产生背压，相对进油调速而言，运动比较平稳，常用于负载变化较大、要求运动平稳的液压系统中。而且，在 a 一定时，速度 v 随负载 F 增加而减小。

3. 旁路节流调速回路

这种回路由定量泵、安全阀、液压缸和节流阀组成，节流阀安装在与液压缸并联的旁油路上，其调速原理如图 6.3 所示。

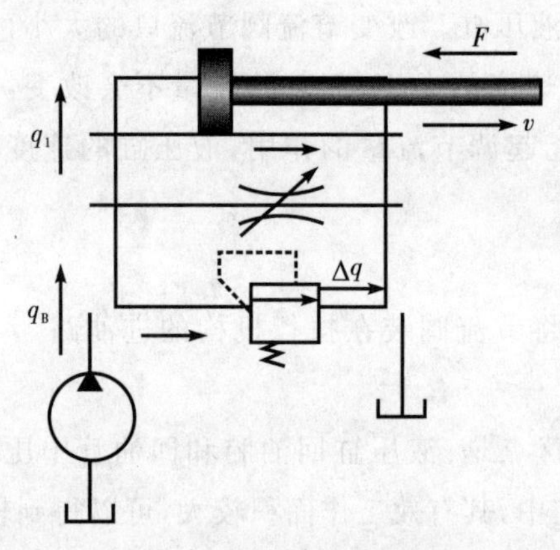

图 6.3　旁路节流调速回路

定量泵输出的流量 q_B，其中一部分 q_1 进入液压缸，另一部分 q_2 通过节流阀流回油箱。溢流阀在这里起安全作用，回路正常工作时，溢流阀不打开，当供油压力超过正常工作压力时，溢流阀才打开，以防过载。溢流阀的调节压力应大于回路正常工作压力，在这种回路中，缸的进油压力 p_1 等于泵的供油压力 p_B，溢流阀的调节压力一般为缸克服最大负载所需的工作压力 p_{1max} 的 1.1～1.3 倍。

(二) 容积调速回路

容积调速回路是通过改变回路中液压泵或液压马达的排量来实现调速的。其主要优点是功率损失小(没有溢流损失和节流损失)，且工作压力随负载变化，所以效率高、油的温度低，适用于高速、大功率系统。

按油路循环方式不同，容积调速回路有开式回路和闭式回路两种。开式回路中泵从油箱吸油，执行机构的回油直接回到油箱，油箱容积大，油液能得到较充分冷却，但空气和脏物易进入回路。闭式回路中，液压泵将油输出进入执行机构的进油腔，又从执行机构的回油腔吸油。闭式回路结构紧凑，只需很小的补油箱，但冷却条件差。为了补偿工作中油液的泄漏，一般设补油泵，补油泵的流量为主泵流量的 10%～15%，压力调节为 3×10^5～10×10^5 Pa。容积调速回路通常有三种基本形式：变量泵和定量液动机的容积调速回路、定量泵和变量马达的容积调速回路、变量泵和变量马达的容积调速回路。

1. 变量泵和定量液动机的容积调速回路

这种调速回路可由变量泵与液压缸或变量泵与定量液压马达组成，其回路原理如图6.4所示。图6.4(a)所示为变量泵与液压缸所组成的开式容积调速回路；图6.4(b)所示为变量泵与定量液压马达组成的闭式容积调速回路。

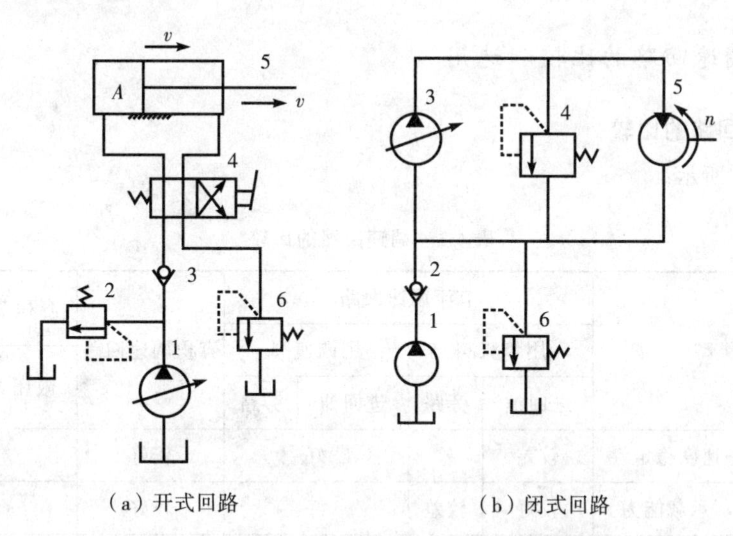

图6.4 变量泵和定量液动机的容积调速回路

工作原理是：图6.4(a)所示为活塞5的运动速度 v 由变量泵1调节，2为安全阀，4为换向阀，6为背压阀。图6.4(b)所示为采用变量泵3来调节液压马达5的转速，安全阀4用于防止过载，低压辅助泵1用于补油，其补油压力由低压溢流阀6来调节。

变量泵和定量液动机所组成的容积调速回路为恒转矩输出，可正、反向实现无级调速，调速范围较大。这种回路适用于调速范围较大，要求恒扭矩输出的场合，如大型机床的主运动或进给系统中。

2. 定量泵和变量马达的容积调速回路

定量泵和变量马达容积调速回路，由于不能用改变马达的排量来实现平稳换向，调速范围比较小(传动比一般为3～4)，因而较少单独应用。

3. 变量泵和变量马达的容积调速回路

这种调速回路是上述两种调速回路的组合，它的调速范围是变量泵调节范围和变量马达调节范围的乘积，所以其调速范围大(传动比可达100)，并且有较高的效率，适用于大功率的场合，如矿山机械、起重机械以及大型机床的主运动液压系统。

(三) 容积节流调速回路

容积节流调速回路的基本工作原理是采用压力补偿式变量泵供油、调速阀(或节流阀)调节进入液压缸的流量并使泵的输出流量自动地与液压缸所需流量相适应。

常用的容积节流调速回路有：限压式变量泵与调速阀等组成的容积节流调速回路、变压式变量泵与节流阀等组成的容积调速回路。

其中，限压式变量泵与调速阀等组成的容积节流调速回路，具有效率较高、调速较稳定、结构较简单等优点。目前已广泛应用于负载变化不大的中、小功率组合机床的液压系统中。

（四）调速回路的比较和选用

1. 调速回路的比较

如表 6.1 所示。

表 6.1　调速回路的比较

<table>
<tr><th rowspan="3" colspan="2">回路类型</th><th colspan="4">节流调速回路</th><th rowspan="3">容积调速回路</th><th colspan="2">容积节流调速回路</th></tr>
<tr><th colspan="2">用节流阀</th><th colspan="2">用调速阀</th><th rowspan="2">限压式</th><th rowspan="2">稳流式</th></tr>
<tr><th>进回油</th><th>旁路</th><th>进回油</th><th>旁路</th></tr>
<tr><td rowspan="2">机械特性</td><td>速度稳定性</td><td>较差</td><td>差</td><td colspan="2">好</td><td>较好</td><td colspan="2">好</td></tr>
<tr><td>承载能力</td><td>较好</td><td>较差</td><td colspan="2">好</td><td>较好</td><td colspan="2">好</td></tr>
<tr><td colspan="2">调速范围</td><td>较大</td><td>小</td><td colspan="2">较大</td><td>大</td><td colspan="2">较大</td></tr>
<tr><td rowspan="2">功率特性</td><td>效率</td><td>低</td><td>较高</td><td>低</td><td>较高</td><td>最高</td><td>较高</td><td>高</td></tr>
<tr><td>发热</td><td>大</td><td>较小</td><td>大</td><td>较小</td><td>最小</td><td>较小</td><td>小</td></tr>
<tr><td colspan="2">适用范围</td><td colspan="4">小功率、轻载的中、低压系统</td><td>大功率、重载高速的中、高压系统</td><td colspan="2">中、小功率的中压系统</td></tr>
</table>

2. 调速回路的选用

调速回路的选用主要考虑以下问题：

(1) 执行机构的负载性质、运动速度、速度稳定性等要求：负载小且工作中负载变化也小的系统可采用节流阀节流调速；在工作中负载变化较大且要求低速稳定性好的系统，宜采用调速阀的节流调速或容积节流调速；负载大、运动速度高、油的温升要求小的系统，宜采用容积调速回路。

一般来说，功率在 3 kW 以下的液压系统宜采用节流调速；3～5 kW 范围内的宜采用容积节流调速；功率在 5 kW 以上的宜采用容积调速回路。

(2) 工作环境要求：处于温度较高的环境下工作，且要求整个液压装置体积小、重量轻的情况，宜采用闭式回路的容积调速。

(3) 经济性要求：节流调速回路的成本低，功率损失大，效率也低；容积调速回路因变量泵、变量马达的结构较复杂,所以价格高,但其效率高、功率损失小;而容积节流调速则介于两者之间。所以,需综合分析,以便选择合适的回路。

二、快速运动回路

为了提高生产效率,机床工作部件常常要求实现空行程(或空载)的快速运动。这时要求液压系统流量大而压力低。这和工作运动时一般需要的流量较小和压力较高的情况正好相反。对快速运动回路的要求主要是在快速运动时,尽量减小需要液压泵输出的流量,或者在加大液压泵的输出流量后,但在工作运动时又不至于引起过多的能量消耗。以下介绍几种机床上常用的快速运动回路。

(一) 差动连接回路

这是在不增加液压泵输出流量的情况下,提高工作部件运动速度的一种快速回路,其实质是改变了液压缸的有效作用面积。

图 6.5 所示回路适用于快、慢速转换的机床,其中快速运动采用差动连接的回路。当换向阀 3 左端的电磁铁通电时,阀 3 左位进入系统,液压泵 1 输出的压力油同缸右腔的油经 3 左位、5 下位(此时外控顺序阀 7 关闭)也进入缸 4 的左腔,实现了差动连接,使活塞快速向右运动。当快速运动结束,工作部件上的挡铁压下机动换向阀 5 时,泵的压力升高,阀 7 打开,液压缸 4 右腔的回油只能经调速阀 6 流回油箱,这时是工作进给。当换向阀 3 右端的电磁铁通电时,活塞向左快速退回(非差动连接)。采用差动连接的快速回路方法简单,较经济,但快、慢速度的换接不够平稳。必须注意,差动油路的换向阀和油管通道应按差动时的流量选择,不然流动液阻过大,会使液压泵的部分油从溢流阀流回油箱,速度减慢,甚至不起差动作用。

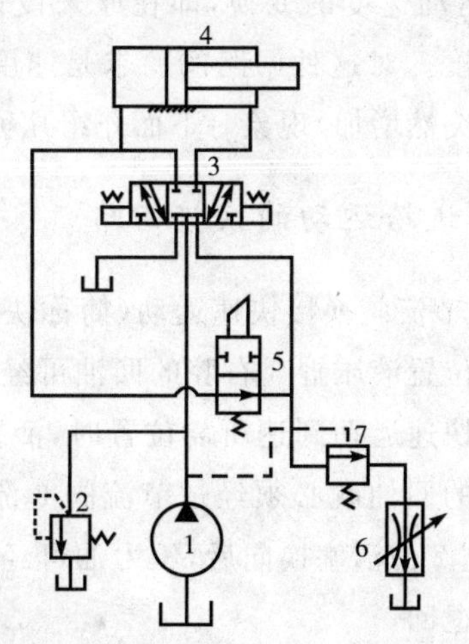

图 6.5 能实现差动连接工作进给回路

（二）双泵供油的快速运动回路

这种回路是利用低压大流量泵和高压小流量泵并联为系统供油，回路如图 6.6 所示。其中 1 为高压小流量泵，用以实现工作进给运动。2 为低压大流量泵，用以实现快速运动。在快速运动时，液压泵 2 输出的油经单向阀 4 和液压泵 1 输出的油共同向系统供油。在工作进给时，系统压力升高，打开液控顺序阀（卸荷阀）3 使液压泵 2 卸荷，此时单向阀 4关闭，由液压泵 1 单独向系统供油。溢流阀 5 控制液压泵 1 的供油压力是根据系统所需最大工作压力来调节的，而卸荷阀 3 使液压泵 2 在快速运动时供油，在工作进给时则卸荷，因此它的调整压力应比快速运动时系统所需的压力要高，但比溢流阀 5 的调整压力低。

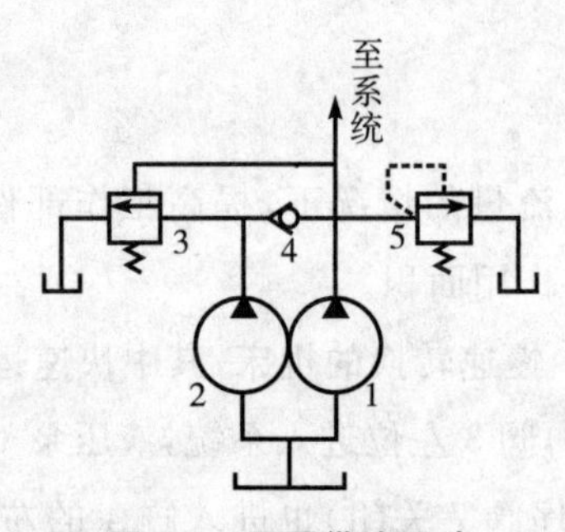

图 6.6　双泵供油回路

双泵供油回路功率利用合理、效率高，并且速度换接较平稳，在快、慢速度相差较大的机床中应用很广泛。缺点是要用一个双联泵，油路系统也稍复杂。

三、速度换接回路

速度换接回路用来实现运动速度的变换，即在原来设计或调节好的几种运动速度中，从一种速度换成另一种速度。对这种回路的要求是速度换接要平稳，即不允许在速度变换的过程中有前冲（速度突然增加）现象。下面介绍几种回路的换接方法及特点。

（一）快速运动和工作进给运动的换接回路

图 6.7 所示是用单向行程节流阀换接快速运动（简称快进）和工作进给运动（简称工进）的速度换接回路。在图示位置液压缸 3 右腔的回油可经行程阀 4 和换向阀 2 流回油箱，使活塞快速向右运动。当快速运动到达所需位置时，活塞上挡块压下行程阀 4，将其通路关闭，这时液压缸 3 右腔的回油就必须经过节流阀 6 流回油箱，活塞的运动转换为工作进给运动。当操纵换向阀 2 使活塞换向后，压力油可经换向阀 2 和单向阀 5 进入液压缸 3 右腔，使活塞快速向左退回。

在这种速度换接回路中，因为行程阀的通油路是由液压缸活塞的行程控制阀芯移动而逐渐关闭的，所以换接时的位置精度高，冲出量小，运动速度的变换也比较平稳。这种回路在机床液压系统中应用较多，它的缺点是行程阀的安装位置受一定限制（要由挡铁压下），所以有时管路连接稍复杂。行程阀也可以用电磁换向阀来代替，这时电磁阀的安装位置不受限制（挡铁只需要压下行程开关），但其换接精度及速度变换的平稳性较差。

图 6.8 所示是利用液压缸本身的管路连接实现的速度换接回路。在图示位置时，活塞快速向右移动，液压缸右腔的回油经油路 1 和换向阀流回油箱。当活塞运动到将油路 1 封闭后，液压缸右腔的回油须经节流阀 3 流回油箱，活塞则由快速运动变换为工作进给运动。

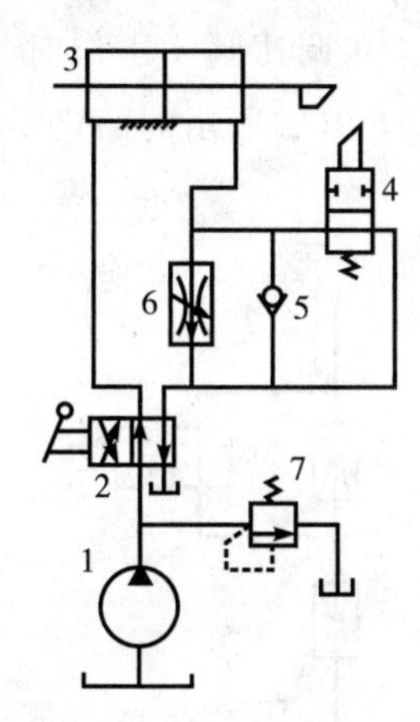

图 6.7　用行程节流阀的速度换接回路

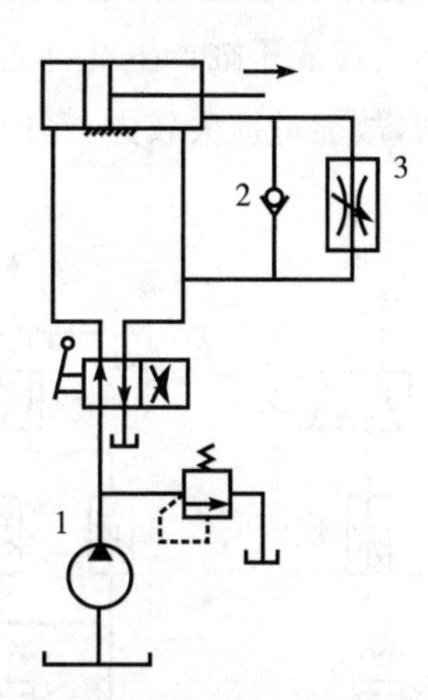

图 6.8　利用液压缸自身结构的速度换接回路

这种速度换接回路方法简单，换接较可靠，但速度换接的位置不能调整，工作行程也不能过长以免活塞过宽，所以仅适用于工作情况固定的场合。这种回路也常用作活塞运动到达端部时的缓冲制动回路。

（二）两种工作进给速度的换接回路

对于某些自动机床、注塑机等，需要在自动工作循环中变换两种以上的工作进给速度，这时需要采用两种（或多种）工作进给速度的换接回路。

图 6.9 所示是两个调速阀并联以实现两种工作进给速度换接的回路。在图 6.9(a) 中，液压泵输出的压力油经调速阀 3 和电磁阀 5 进入液压缸。当需要第二种工作进给速度时，电磁阀 5 通电，其右位接入回路，液压泵输出的压力油经调速阀 4 和电磁阀 5 进入液压缸。这种回路中两个调速阀的节流口可以单独调节，互不影响，即第一种工作进给速度和第二种工作进给速度之间没有什么限制。但一个调速阀工作时，另一个调速阀中没有油液通过，它的减压阀则处于完全打开的位置，在速度换接开始的瞬间不能起减压作用，容易出现部件突然前冲的现象。

图 6.9(b) 所示为另一种调速阀并联的速度换接回路。在这个回路中，两个调速阀始终处于工作状态，在由一种工作进给速度转换为另一种工作进给速度时，不会出现工作部件突然前冲现象，因而工作可靠。但是液压系统在工作中总有一定量的油液通过不起

调速作用的那个调速阀流回油箱,造成能量损失,使系统发热。

图 6.10 所示是两个调速阀串联的速度换接回路。图中液压泵输出的压力油经调速阀 3 和电磁阀 5 进入液压缸,这时的流量由调速阀 3 控制。当需要第二种工作进给速度时,阀 5 通电,其右位接入回路,则液压泵输出的压力油先经调速阀 3,再经调速阀 4 进入液压缸,这时的流量应由调速阀 4 控制,所以图 6.10 所示的这种两个调速阀串联式回路中,调速阀 4 的节流口应调得比调速阀 3 小,否则调速阀 4 速度换接回路将不起作用。这种回路在工作时调速阀 3 一直工作,它限制着进入液压缸或调速阀 4 的流量,因此在速度换接时不会使液压缸产生前冲现象,换接平稳性较好。在调速阀 4 工作时,油液需经两个调速阀,故能量损失较大,系统发热也较大,但却比图 6.9(b)所示的回路要小。

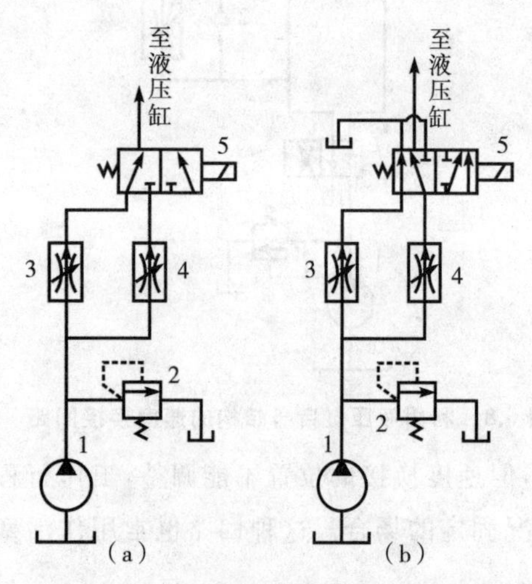

图 6.9 两个调速阀并联式速度换接回路

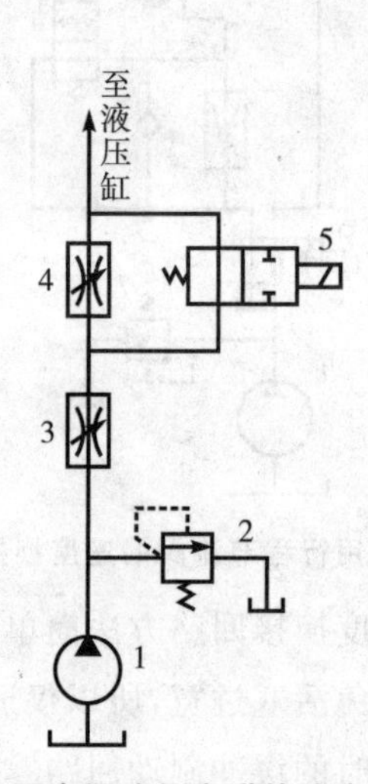

图 6.10 两个调速阀串联的速度换接回路

第二节 压力控制回路

压力控制回路是用压力阀来控制和调节液压系统主油路或某一支路的压力,以满足执行元件速度换接回路所需的力或力矩的要求。利用压力控制回路可实现对系统进行调压(稳压)、减压、增压、卸荷、保压与平衡等各种控制。

一、调压及限压回路

当液压系统工作时,液压泵应向系统提供所需压力的液压油,同时又能节省能源,减少油液发热,提高执行元件运动的平稳性。所以,应设置调压或限压回路。当液压泵一直工作在系统的调定压力时，就要通过溢流阀调节并稳定液压泵的工作压力。在变量泵系统中或旁路节流调速系统中用溢流阀（当安全阀用）限制系统的最高安全压力。当系统在不同的工作时间内需要有不同的工作压力时，可采用二级或多级调压回路。

（一）单级调压回路

图 6.11(a)所示，通过液压泵 1 和溢流阀 2 的并联连接，即可组成单级调压回路。通过调节溢流阀的压力，可以改变泵的输出压力。当溢流阀的调定压力确定后，液压泵就在溢流阀的调定压力下工作，从而实现了对液压系统进行调压和稳压控制。如果将液压泵 1 改换为变量泵，此时溢流阀将作为安全阀来使用，液压泵的工作压力低于溢流阀的调定压力，这时溢流阀不工作。当系统出现故障，液压泵的工作压力上升时，一旦压力达到溢流阀的调定压力，溢流阀将开启，并将液压泵的工作压力限制在溢流阀的调定压力下，使液压系统不致因压力过载而受到破坏，从而保护了液压系统。

（二）二级调压回路

图 6.11(b)所示为二级调压回路，该回路可实现两种不同的系统压力控制。由先导型溢流阀 2 和直动式溢流阀 4 各调一级，当二位二通电磁阀 3 处于图示位置时，系统压力由阀 2 调定，当阀 3 得电后处于右位时，系统压力由阀 4 调定，但要注意阀 4 的调定压力一定要小于阀 2 的调定压力，否则不能实现。当系统压力由阀 4 调定时，先导型溢流阀 2 的先导阀口关闭，但主阀开启，液压泵的溢流流量经主阀回油箱，这时阀 4 亦处于工作状态，并有油液通过。应当指出：若将阀 3 与阀 4 对换位置，则仍可进行二级调压，并且在二级压力转换点上获得比图 6.11(b)所示回路更为稳定的压力转换。

（三）多级调压回路

图 6.11(c)所示为三级调压回路，三级压力分别由溢流阀 1、2、3 调定，当电磁铁 1YA、2YA 失电时，系统压力由主溢流阀调定。当 1YA 得电时，系统压力由阀 2 调定。当 2YA 得电时，系统压力由阀 3 调定。在这种调压回路中，阀 2 和阀 3 的调定压力要低

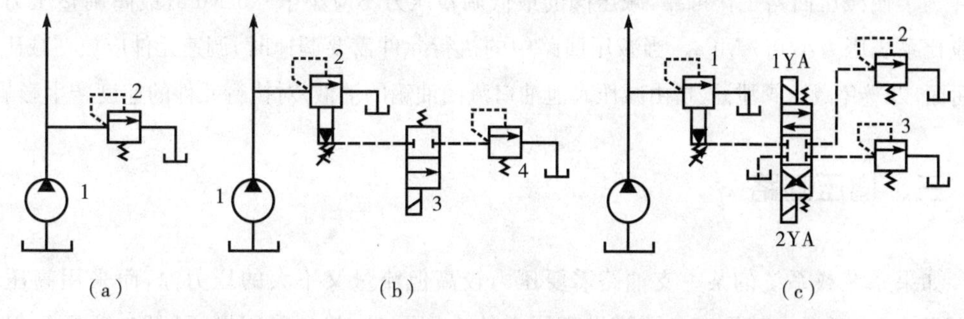

图 6.11　调压回路

于主溢流阀的调定压力。阀 2 和阀 3 的调定压力之间没有一定的关系，当阀 2 或阀 3 工作时，阀 2 或阀 3 相当于阀 1 上的另一个先导阀。

二、减压回路

当泵的输出压力是高压而局部回路或支路要求低压时，可以采用减压回路，如机床液压系统中的定位、夹紧、回路分度以及液压元件的控制油路等，它们往往要求比主油路低的压力。减压回路较为简单，一般是在所需低压的支路上串接减压阀。采用减压回路虽能方便地获得某支路稳定的低压，但压力油经减压阀口时要产生压力损失，这是它的缺点。

最常见的减压回路为通过定值减压阀与主油路相连，如图 6.12(a)所示。回路中的单向阀为主油路压力降低(低于减压阀调整压力)时防止油液倒流，起短时保压作用，减压回路中也可以采用类似两级或多级调压的方法获得两级或多级减压。图 6.12(b)所示为利用阀 1 的远控口接一远控阀 2，则可由阀 1、阀 2 分别调得一种低压。但要注意，阀 2 的调定压力值一定要低于阀 1 的调定减压值。

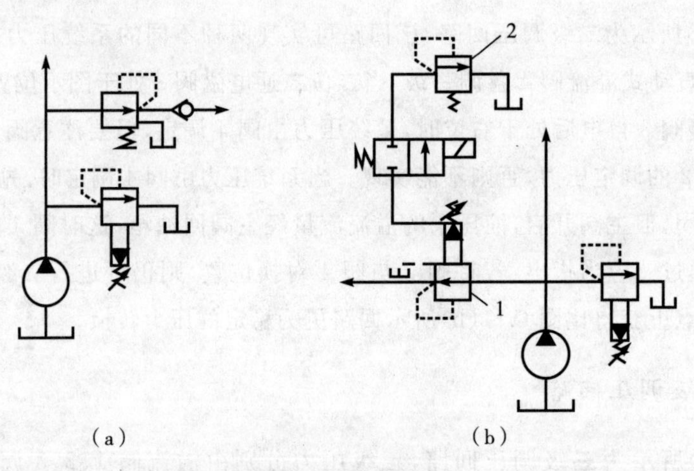

图 6.12 减压回路

1.先导型减压阀 2.溢流阀

为了使减压回路工作可靠，减压阀的最低调整压力不应小于 0.5 MPa，最高调整压力至少应比系统压力小 0.5 MPa。当减压回路中的执行元件需要调速时，调速元件应放在减压阀的后面，以避免减压阀泄漏(指由减压阀泄油口流回油箱的油液)对执行元件的速度产生影响。

三、增压回路

如果系统或系统的某一支油路需要压力较高但流量又不大的压力油，而采用高压泵又不经济，或者根本就没有必要增设高压力的液压泵时，就常采用增压回路，这样不仅易于选择液压泵，而且系统工作较可靠，噪声小。增压回路中提高压力的主要元件是增压缸或增压器。

（一）单作用增压缸的增压回路

图 6.13(a)所示为利用增压缸的单作用增压回路，当系统在图示位置工作时，系统的供油压力 p_1 进入增压缸的大活塞腔，此时在小活塞腔即可得到所需的较高压力 p_2，当二位四通电磁换向阀右位接入系统时，增压缸返回，辅助油箱中的油液经单向阀补入小活塞，因而该回路只能间歇增压，所以称之为单作用增压回路。

（二）双作用增压缸的增压回路

图 6.13(b)所示为采用双作用增压缸的增压回路，能连续输出高压油，在图示位置，液压泵输出的压力油经换向阀 5 和单向阀 1 进入增压缸左端大、小活塞腔，右端大活塞腔的回油通油箱，右端小活塞腔增压后的高压油经单向阀 4 输出，此时单向阀 2、3 被关闭。当增压缸活塞移到右端时，换向阀得电换向，增压缸活塞向左移动。同理，左端小活塞腔输出的高压油经单向阀 3 输出，这样增压缸的活塞不断往复运动，两端便交替输出高压油，从而实现了连续增压。

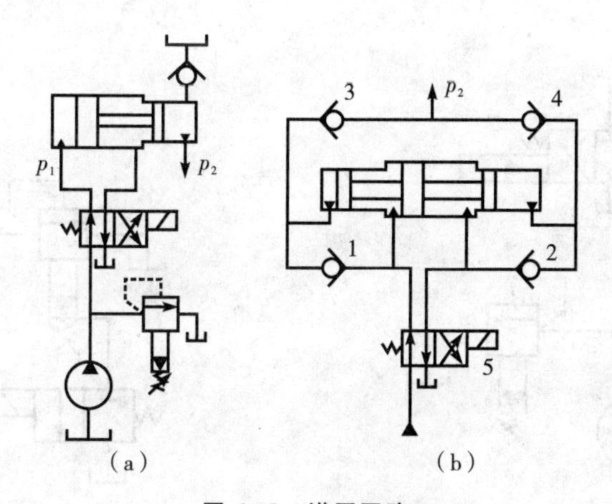

图 6.13　增压回路

四、卸荷回路

在液压系统工作中，有时执行元件短时间停止工作，不需要液压系统传递能量，或者执行元件在某段工作时间内保持一定的力，而运动速度极慢，甚至停止运动，在这种情况下，不需要液压泵输出油液，或只需要很小流量的液压油，于是液压泵输出的压力油全部或绝大部分从溢流阀流回油箱，造成能量的无谓消耗，引起油液发热，使油液加快变质，而且还影响液压系统的性能及泵的寿命。为此，需要采用卸荷回路，即卸荷回路的功用是指在液压泵驱动电动机不频繁启闭的情况下，使液压泵在功率输出接近于零的情况下运转，以减少功率损耗，降低系统发热，延长泵和电动机的寿命。因为液压泵的输出功率为其流量和压力的乘积，所以两者任一近似为零，功率损耗即近似为零。所以，液压泵的卸荷有流量卸荷和压力卸荷两种，前者主要是使用变量泵，使变量泵仅为补偿泄漏而以最小流量运转，此方法比较简单，但泵仍处在高压状态下运行，磨损比较严重；压力卸荷的方法是使泵在接近零压时运转。

常见的压力卸荷方式有以下几种：

（一）换向阀卸荷回路

M 型、H 型和 K 型中位机能的三位换向阀处于中位时，泵即卸荷，图 6.14 所示为采用 M 型中位机能的电液换向阀的卸荷回路，这种回路切换时压力冲击小，但回路中必须设置单向阀，以使系统能保持 0.3 MPa 左右的压力，供操纵控制油路之用。

（二）用先导型溢流阀的远程控制口卸荷

如图 6.15 中若去掉远程调压阀，使先导型溢流阀的远程控制口直接与二位二通电磁阀相连，便构成一种用先导型溢流阀的卸荷回路，这种卸荷回路卸荷压力小，切换时冲击也小。

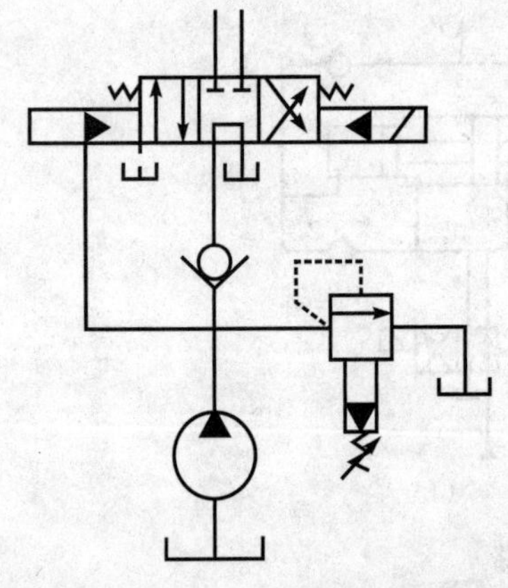

图 6.14　M 型中位机能卸荷回路

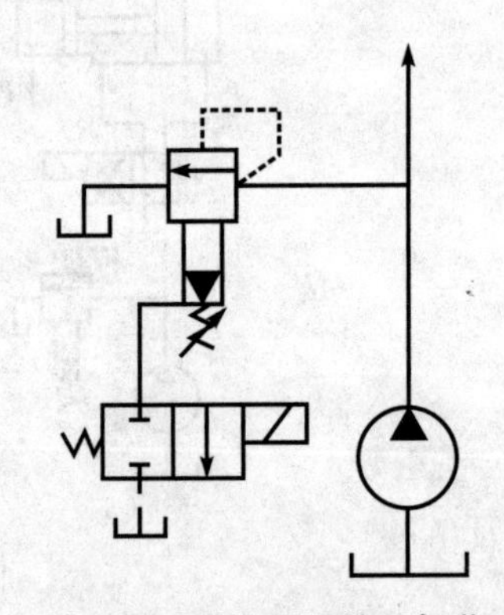

图 6.15　溢流阀远控口卸荷

五、保压回路

在液压系统中，常要求液压执行机构在一定的行程位置上停止运动或在有微小的位移下稳定地维持住一定的压力，这就要采用保压回路。最简单的保压回路是密封性能较好的液控单向阀的回路，但是阀类元件处的泄漏使得这种回路的保压时间不能维持太久。常用的保压回路有以下几种：

（1）利用液压泵的保压回路，也就是在保压过程中，液压泵仍以较高的压力（保压所需压力）工作。此时，若采用定量泵则压力油几乎全经溢流阀流回油箱，系统功率损失大，易发热，故只在小功率的系统且保压时间较短的场合下才使用；若采用变量泵，在保压时泵的压力较高，但输出流量几乎等于零，因而液压系统的功率损失小，这种保压方法能随泄漏量的变化而自动调整输出流量，所以其效率也较高。

（2）图 6.16(a)所示为利用蓄能器的保压回路。当主换向阀在左位工作时，液压缸向前运动且压紧工件，进油路压力升高至调定值，压力继电器动作使二通阀通电，泵即卸荷，单向阀自动关闭，液压缸则由蓄能器保压。缸压不足时，压力继电器复位使泵重新工作。保压时间的长短取决于蓄能器容量，调节压力继电器的工作区间即可调节缸中压力的最大值和最小值。图 6.16(b)所示为多缸系统中的保压回路，这种回路当主油路压力降低时，单向阀 3 关闭，支路由蓄能器保压补偿泄漏，压力继电器 5 的作用是当支路压力达到预定值时发出信号，使主油路开始动作。

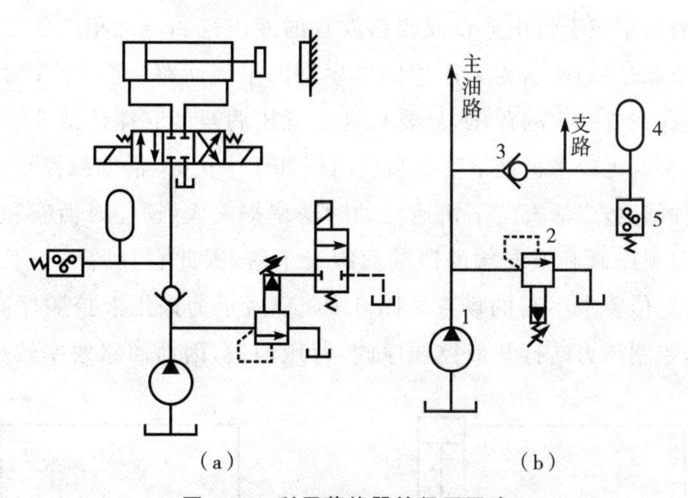

图 6.16　利用蓄能器的保压回路

（3）图 6.17 所示为采用液控单向阀和电接触式压力表的自动补油保压回路。其工作原理为：当 1YA 得电，换向阀右位接入回路，液压缸上腔压力上升至电接触式压力表的上限值时，上触点接电，使 1YA 失电，换向阀处于中位，液压泵卸荷，液压缸由液控单向阀保压。当液压缸上腔压力下降到预定下限值时，电接触式压力表又发出信号，使 1YA 得电，液压泵再次向系统供油，使压力上升。当压力达到上限值时，上触点又发出信号，使 1YA 失电。因此，这一回路能自动地使液压缸补充压力油，使其压力能长期保持在一定范围内。

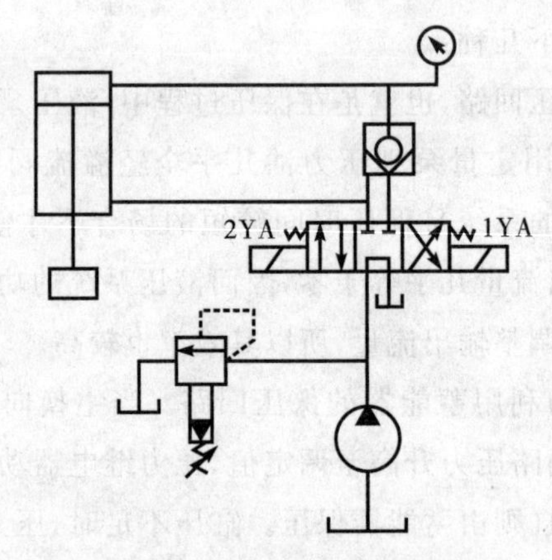

图 6.17 自动补油保压回路

六、平衡回路

平衡回路的功用在于防止垂直或倾斜放置的液压缸和与之相连的工作部件因自重而自行下落。图 6.18(a)所示为采用单向顺序阀的平衡回路。当 1YA 得电后活塞下行时,回油路上就存在着一定的背压,只要将这个背压调至能支撑住活塞和与之相连的工作部件自重,活塞就可以平稳地下落。当换向阀处于中位时,活塞就停止运动,不再继续下移。对于这种回路,当活塞向下快速运动时功率损失大,锁住时活塞和与之相连的工作部件会因单向顺序阀和换向阀的泄漏而缓慢下落,因此它只适用于工作部件重量不大、活塞锁住时定位要求不高的场合。图 6.18(b)所示为采用液控顺序阀的平衡回路。当活塞下行时,控制压力油打开液控顺序阀,背压消失,因而回路效率较高,当停止工作

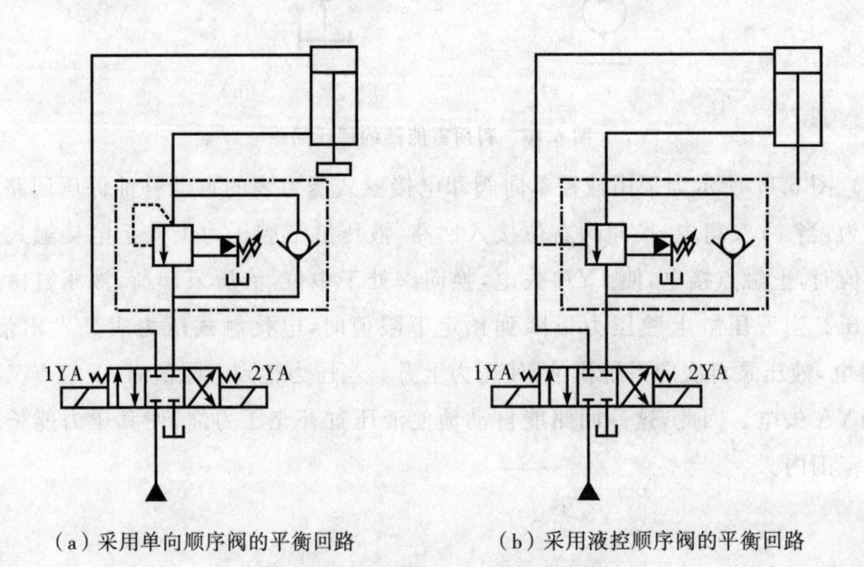

(a) 采用单向顺序阀的平衡回路　　(b) 采用液控顺序阀的平衡回路

图 6.18 采用顺序阀的平衡回路

时，液控顺序阀关闭以防止活塞和工作部件因自重而下降。这种平衡回路的优点是只有上腔进油时活塞才下行，比较安全可靠；缺点是活塞下行时平稳性较差，这是因为活塞下行时，液压缸上腔油压降低，将使液控顺序阀关闭。当顺序阀关闭时，因活塞停止下行，使液压缸上腔油压升高，又打开液控顺序阀，液控顺序阀始终工作于启闭的过渡状态，因而影响工作的平稳性。这种回路适用于运动部件重量不太大、停留时间较短的液压系统中。

第三节　方向控制回路

在液压系统中，起控制执行元件的启动、停止及换向作用的回路称方向控制回路。方向控制回路有换向回路和锁紧回路。

一、换向回路

运动部件的换向，一般可采用各种换向阀来实现。在容积调速的闭式回路中，也可以利用双向变量泵控制油流的方向来实现液压缸或液压马达的换向。

依靠重力或弹簧返回的单作用液压缸，可以采用二位三通换向阀进行换向，如图6.19所示。双作用液压缸的换向，一般都可采用二位四通（或五通）及三位四通（或五通）换向阀来进行换向，按不同用途还可选用各种不同控制方式的换向回路。

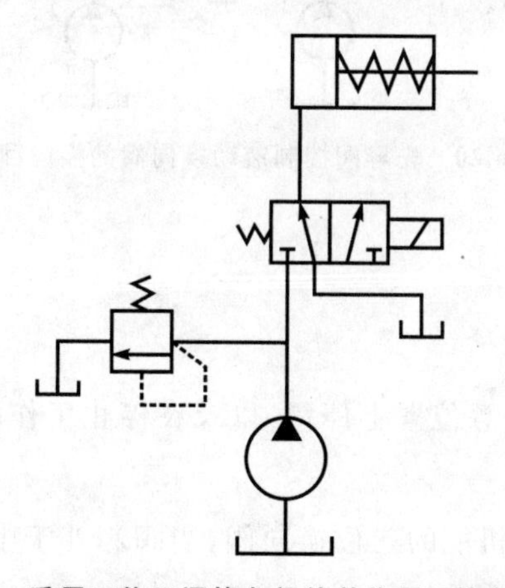

图 6.19　采用二位三通换向阀使单作用缸换向的回路

电磁换向阀的换向回路应用最为广泛，尤其在自动化程度要求较高的组合机床液压系统中被普遍采用。对于流量较大和换向平稳性要求较高的场合，电磁换向阀的换向回路已不能适应要求，往往采用手动换向阀或机动换向阀作先导阀，而以液动换向阀为主阀的换向回路,或者采用电液动换向阀的换向回路。

图 6.20 所示为手动转阀(先导阀)控制液动换向阀的换向回路。回路中用辅助泵 2 提供低压控制油,通过手动先导阀 3(三位四通转阀)来控制液动换向阀 4 的阀芯移动,实现主油路的换向,当转阀 3 在右位时,控制油进入液动阀 4 的左端,右端的油液经转阀回油箱,使液动换向阀 4 左位接入工件,活塞下移。当转阀 3 切换至左位时,即控制油使液动换向阀 4 换向,活塞向上退回。当转阀 3 中位时,液动换向阀 4 两端的控制油通油箱,在弹簧力的作用下,其阀芯回复到中位,主泵 1 卸荷。这种换向回路常用于大型压机上。

在液动换向阀的换向回路或电液动换向阀的换向回路中,控制油液除了用辅助泵供给外,在一般的系统中也可以把控制油路直接接入主油路。但是,当主阀采用 M 型或 H 型中位机能时,必须在回路中设置背压阀,保证控制油液有一定的压力,以控制换向阀阀芯的移动。

在机床夹具、油压机和起重机等不需要自动换向的场合,常常采用手动换向阀来进行换向。

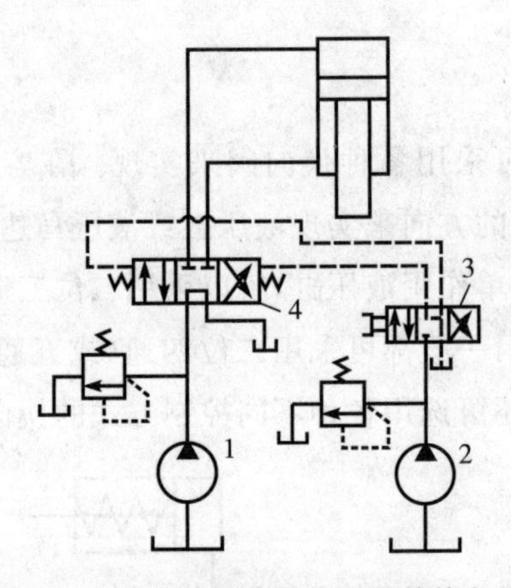

图 6.20　先导阀控制液动换向阀的换向回路

二、锁紧回路

为了使工作部件能在任意位置上停留,以及在停止工作时,防止在受力的情况下发生移动,可以采用锁紧回路。

采用 O 型或 M 型中位机能的三位换向阀,当阀芯处于中位时,液压缸的进、出口都被封闭,可以将活塞锁紧,这种锁紧回路由于受到滑阀泄漏的影响,锁紧效果较差。

图 6.21 所示是采用液控单向阀的锁紧回路。在液压缸的进、回油路中都串接液控单向阀(又称液压锁),活塞可以在行程的任何位置锁紧。其锁紧精度只受液压缸内少量的内泄漏影响,因此锁紧精度较高。采用液控单向阀的锁紧回路,换向阀的中位机能应使

液控单向阀的控制油液卸压(换向阀采用 H 型或 Y 型),此时,液控单向阀便立即关闭,活塞停止运动。假如采用 O 型机能,在换向阀中位时,由于液控单向阀的控制腔压力油被闭死而不能使其立即关闭,直至由换向阀的内泄漏使控制腔泄压后,液控单向阀才能关闭,影响其锁紧精度。

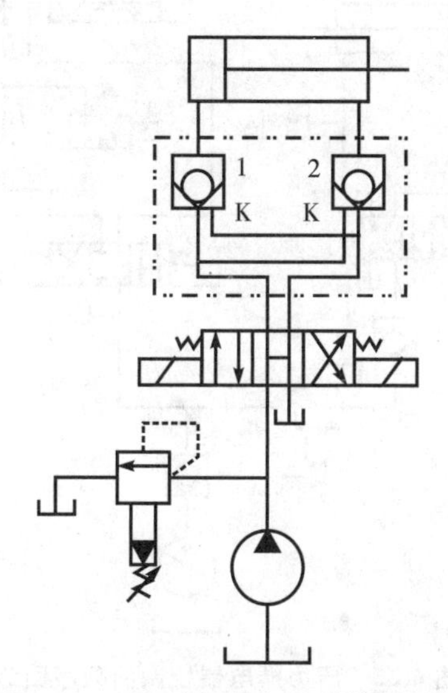

图 6.21　采用液控单向阀的锁紧回路

第四节　顺序动作回路

在多缸液压系统中,往往需要按照一定的要求顺序动作。例如,自动车床中刀架的纵、横向运动,夹紧机构的定位和夹紧等。顺序动作回路按其控制方式不同,分为压力控制、行程控制和时间控制三类,其中前两类用得较多。

压力控制就是利用油路本身的压力变化来控制液压缸的先后动作顺序,它主要利用压力继电器和顺序阀来控制顺序动作。

一、用压力继电器控制的顺序动作回路

图 6.22 所示是机床的夹紧、进给系统,要求的动作顺序是:先将工件夹紧,然后动力滑台进行切削加工,动作循环开始时,二位四通电磁阀处于图示位置,液压泵输出的压力油进入夹紧缸的右腔,左腔回油,活塞向左移动,将工件夹紧。夹紧后,液压缸右腔的压力升高,当油压超过压力继电器的调定值时,压力继电器发出讯号,指令电磁阀的电磁铁 2DT、4DT 通电,进给液压缸动作(其动作原理详见速度换接回路)。油路中要求先夹紧

后进给,工件没有夹紧则不能进给,这一严格的顺序是由压力继电器保证的。压力继电器的调整压力应比减压阀的调整压力低 $3\times10^5\sim5\times10^5$ Pa。

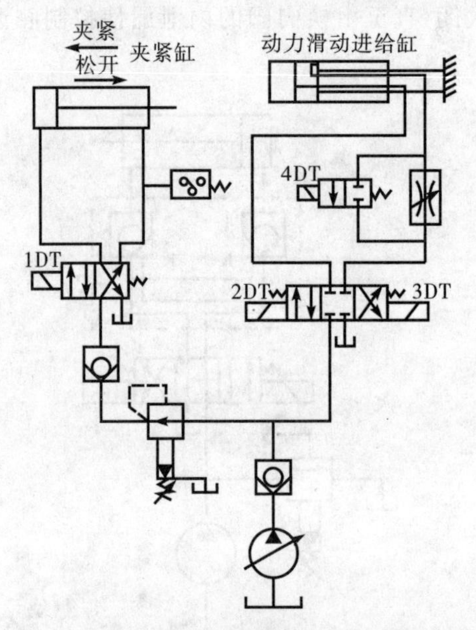

图 6.22 压力继电器控制的顺序回路

二、用顺序阀控制的顺序动作回路

图 6.23 所示是采用两个单向顺序阀控制的顺序动作回路。其中单向顺序阀 4 控制两液压缸前进时的先后顺序,单向顺序阀 3 控制两液压缸后退时的先后顺序。当电磁换向阀通电时,压力油进入液压缸 1 的左腔,右腔经阀 3 中的单向阀回油,此时由于压力较低,顺序阀 4 关闭,缸 1 的活塞先动。当液压缸 1 的活塞运动至终点时,油压升高,达到单

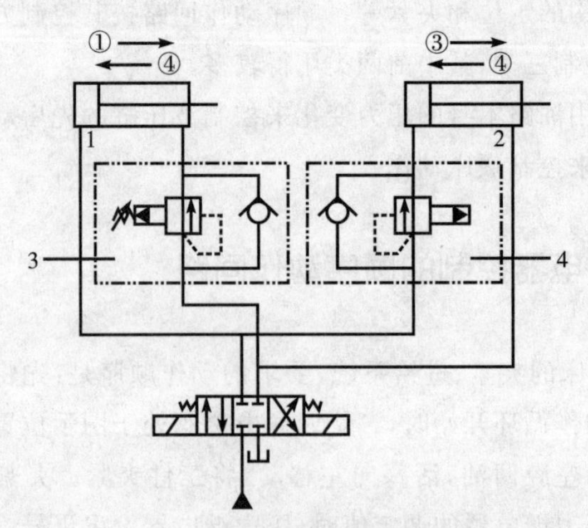

图 6.23 顺序阀控制的顺序动作回路

向顺序阀 4 的调定压力时，顺序阀开启，压力油进入液压缸 2 的左腔，右腔直接回油，缸 2 的活塞向右移动。当液压缸 2 的活塞右移达到终点后，电磁换向阀断电复位，此时压力油进入液压缸 2 的右腔，左腔经阀 4 中的单向阀回油，使缸 2 的活塞向左返回，到达终点时，压力油升高，打开顺序阀 3，使液压缸 1 的活塞返回。

这种顺序动作回路的可靠性，在很大程度上取决于顺序阀的性能及其压力调整值。顺序阀的调整压力应比先动作的液压缸的工作压力高 $8\times10^5\sim10\times10^5$ Pa，以免在系统压力波动时，发生误动作。

第七章 典型液压系统

第一节　组合机床液压系统

一、组合机床液压系统概述

组合机床液压系统主要由通用滑台和辅助部分(如定位、夹紧)组成。动力滑台本身不带传动装置,可根据加工需要安装不同用途的主轴箱,以完成钻、扩、铰、镗、刮端面、铣削及攻丝等工序。

图 7.1 所示为带有液压夹紧的他驱式动力滑台的液压系统原理图,这个系统采用限压式变量泵供油,并配有二位二通电磁阀卸荷,变量泵与进油路的调速阀组成容积节流调速回路,用电液换向阀控制液压系统的主油路换向,用行程阀实现快进和工进的速度换接。它可实现多种工作循环,下面以"定位夹紧→快进→一工进→二工进→死挡铁停留→快退→原位停止松开工件"的自动工作循环为例,介绍液压系统的工作原理。

(一) 夹紧工件

夹紧油路所需压力一般要求小于主油路,故在夹紧油路上装有减压阀 6,以减低夹紧缸的压力。按下启动按钮,泵启动并使电磁铁 4DT 通电,夹紧缸 24 松开以便安装并定位工件。当工件定好位以后,发出讯号使电磁铁 4DT 断电,夹紧缸活塞夹紧工件。其油路为:泵 1→单向阀 5→减压阀 6→单向阀 7→换向阀 11→左位夹紧缸 24 上腔、夹紧缸下腔的回油→换向阀 11 左位回油箱。于是,夹紧缸活塞下移夹紧工件。单向阀 7 用以保压。

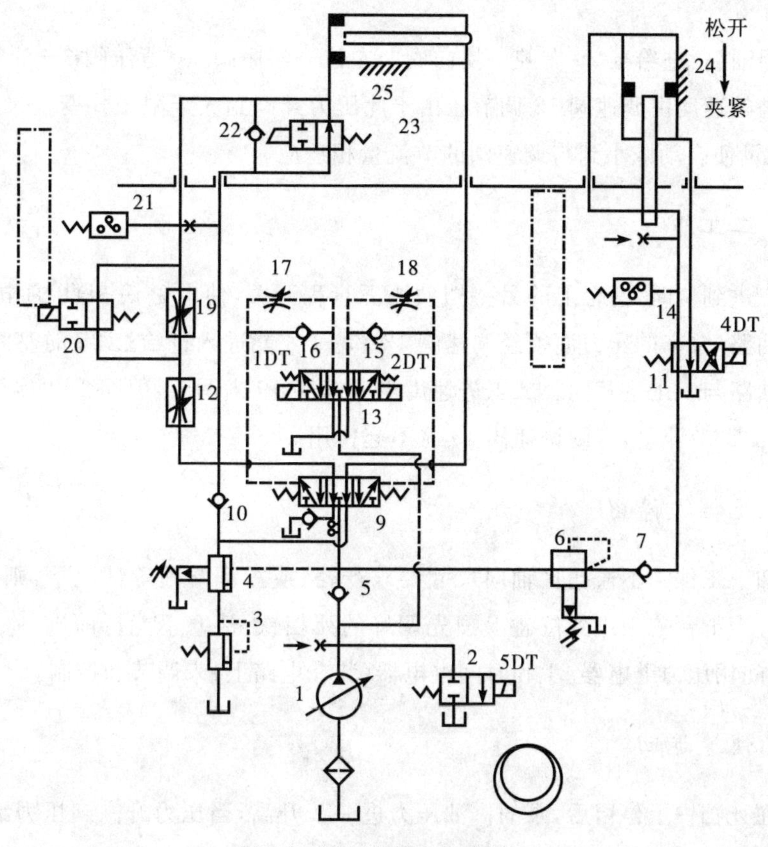

图 7.1　液压系统工作原理

（二）进给缸快进前进

当工件夹紧后,油压升高,压力继电器 14 发出讯号使 1DT 通电,电磁换向阀 13 和液动换向阀 9 均处于左位。其油路为:

(1) 进油路:泵 1→单向阀 5→液动阀 9→左位行程阀 23 右位→进给缸 25 左腔。

(2) 回油路:进给缸 25 右腔→液动阀 9 左位→单向阀 10→行程阀 23 右位→进给缸 25 左腔。

于是形成差动连接,液压缸 25 快速前进。因快速前进时负载小、压力低,故顺序阀 4 打不开(其调节压力应大于快进压力),变量泵以调节好的最大流量向系统供油。

（三）一工进

当滑台快进到达预定位置(即刀具趋近工件位置)时,挡铁压下行程阀 23,于是调速阀 12 接入油路,压力油必须经调速阀 12 才能进入进给缸左腔,负载增大,泵的压力升高，打开液控顺序阀 4，单向阀 10 被高压油封死，此时油路为：

(1) 进油路：泵 1→单向阀 5→换向阀 9 左位→调速阀 12→换向阀 20 右位→进给缸 25 左腔。

(2) 回油路：进给缸 25 右腔→换向阀 9 左位→顺序阀 4→背压阀 3→油箱。

一工进的速度由调速阀 12 调节。由于此压力升高到大于限压式变量泵的限定压力 p_B，泵的流量便自动减小到与调速阀的节流量相适应。

（四）二工进

当一工进到位时，滑台上的另一挡铁压下行程开关，使电磁铁 3DT 通电，于是阀 20 左位接入油路，泵来的压力油须经调速阀 12 和 19 才能进入进给缸 25 的左腔，其他各阀的状态和油路与一工进相同。二工进速度由调速阀 19 来调节，但阀 19 的调节流量必须小于阀 12 的调节流量，否则调速阀 19 将不起作用。

（五）死挡铁停留

在被加工工件为不通孔且轴向尺寸要求严格，或需刮端面等情况下，则要求实现死挡铁停留。当滑台二工进到位碰上预先调好的死挡铁，活塞不能再前进，停留在死挡铁处，停留时间用压力继电器 21 和时间继电器(装在电路上)来调节和控制。

（六）快速退回

滑台在死挡铁上停留后，泵的供油压力进一步升高，当压力升高到压力继电器 21 的预调动作压力时(这时压力继电器入口压力等于泵的出口压力，其压力增值主要决定于调速阀 19 的压差)，压力继电器 21 发出信号，使 1DT 断电，2DT 通电，换向阀 13 和 9 均处于右位，这时油路为：

(1) 进油路：泵 1→单向阀 5→换向阀 9 右位→进给缸 25 右腔。

(2) 回油路：进给缸 25 左腔→单向阀 22→换向阀 9 右位→单向阀 8→油箱。

于是，液压缸 25 便快速左退。由于快速时负载压力小(小于泵的限定压力 p_B)，限压式变量泵便自动以最大调节流量向系统供油。又由于进给缸为差动缸，所以快退速度基本等于快进速度。

（七）进给缸原位停止，夹紧缸松开

当进给缸左退到原位，挡铁碰行程开关发出信号，使 2DT、3DT 断电，同时使 4DT 通电，于是进给缸停止，夹紧缸松开工件。当工件松开后，夹紧缸活塞上挡铁碰行程开关，使 5DT 通电，液压泵卸荷，一个工作循环结束。当下一个工件安装定位好后，则又使 4DT、5DT 均断电，重复上述步骤。

二、液压系统的特点

本系统采用限压式变量泵和调速阀组成容积节流调速系统，把调速阀装在进油路上，而在回油路上加背压阀。这样就获得了较好的低速稳定性、较大的调速范围和较高的效率。而且，当滑台需死挡铁停留时，用压力继电器发出信号实现快退比较方便。

采用限压式变量泵并在快进时采用差动连接，不仅使快进速度和快退速度相同(差动缸)，而且比不采用差动连接的流量减小一半，其能量得到合理利用，系统效率进一步得到提高。

采用电液换向阀使换向时间可调，改善和提高了换向性能。采用行程阀和液控顺序阀来实现快进与工进的转换，比采用电磁阀的电路简化，而且使速度转换动作可靠，转换精度也较高。此外，用两个调速阀串联来实现两次工进，使转换速度平稳而无冲击。

夹紧油路中串接减压阀，不仅可使其压力低于主油路压力，而且可根据工件夹紧力的需要来调节并稳定其压力；当主系统快速运动时，即使主油路压力低于减压阀所调压力，因为有单向阀 7 的存在，夹紧系统也能维持其压力(保压)。夹紧油路中采用二位四通阀 11，它的常态位置是夹紧工件，这样即使在加工过程中临时停电，也不至于使工件松开，保证了操作安全可靠。

本系统可较方便地实现多种动作循环，例如可实现多次工进和多级工进。工作进给速度的调速范围可达 6.6～660 mm/min，而快进速度可达 7 m/min，所以它具有较大的通用性。此外，本系统采用两位两通阀卸荷，比用限压式变量泵在高压小流量下卸荷方式的功率消耗要小。

第二节 M1432A 型万能外圆磨床液压系统

一、机床液压系统的功能

M1432A 型万能外圆磨床主要用于磨削 IT5～IT7 精度的圆柱形或圆锥形外圆和内孔，表面粗糙度在 $Ra1.25$～$Ra0.08$ 之间。

(一) 该机床的液压系统功能

(1) 能实现工作台的自动往复运动，并能在 0.05～4 m/min 之间无级调速，工作台换向平稳，启动制动迅速，换向精度高。

(2) 在装卸工件和测量工件时，为缩短辅助时间，砂轮架具有快速进退动作，为避免惯性冲击，控制砂轮架快速进退的液压缸设置有缓冲装置。

(3) 为方便装卸工件，尾架顶尖的伸缩采用液压传动。

(4) 工作台可作微量抖动：切入磨削或加工工件略大于砂轮宽度时，为了提高生产率和改善表面粗糙度，工作台可作短距离（1～3 mm）、频繁往复运动（100～150 次/min）。

（二）传动系统具有必要的联锁动作

(1) 工作台的液动与手动联锁，以免液动时带动手轮旋转引起工伤事故。

(2) 砂轮架快速前进时，可保证尾架顶尖不后退，以免加工时工件脱落。

(3) 磨内孔时，为使砂轮不后退，传动系统中设置有与砂轮架快速后退联锁的机构，以免撞坏工件或砂轮。

(4) 砂轮架快进时，头架带动工件转动，冷却泵启动；砂轮架快速后退时，头架与冷却泵电机停转。

二、液压系统的工作原理

图 7.2 所示为 M1432 型外圆磨床液压系统原理图。其工作原理如下：

（一）工作台的往复运动

1. 工作台右行

如图 7.2 所示状态，先导阀、换向阀阀芯均处于右端，开停阀处于右位。其主油路为：

(1) 进油路：液压泵 19→换向阀 2 右位（P→A）→液压缸 22 右腔。

(2) 回油路：液压缸 22 左腔→换向阀 2 右位（B→T_2）→先导阀 1 右位→开停阀 3 右位→节流阀 5→油箱。液压油推液压缸带动工作台向右运动，其运动速度由节流阀来调节。

2. 工作台左行

当工作台右行到预定位置，工作台左边的挡块拨动与先导阀 1 的阀芯相连接的杠杆，使先导阀芯左移，开始工作台的换向过程。先导阀阀芯左移过程中，其阀芯中段制动锥 A 的右边逐渐将回油路上通向节流阀 5 的通道 D_2→T 关小，使工作台逐渐减速制动，实现预制动；当先导阀阀芯继续向左移动到先导阀芯右部环形槽，使 a_2 点与高压油路相通，先导阀芯左部环槽使 a_1 接通油箱时，控制油路被切换。这时借助于抖动缸推动先导阀向左快速移动（快跳）。其油路是：

(1) 进油路：泵 19→精滤油器 21→先导阀 1 左位→抖动缸 6 左端。

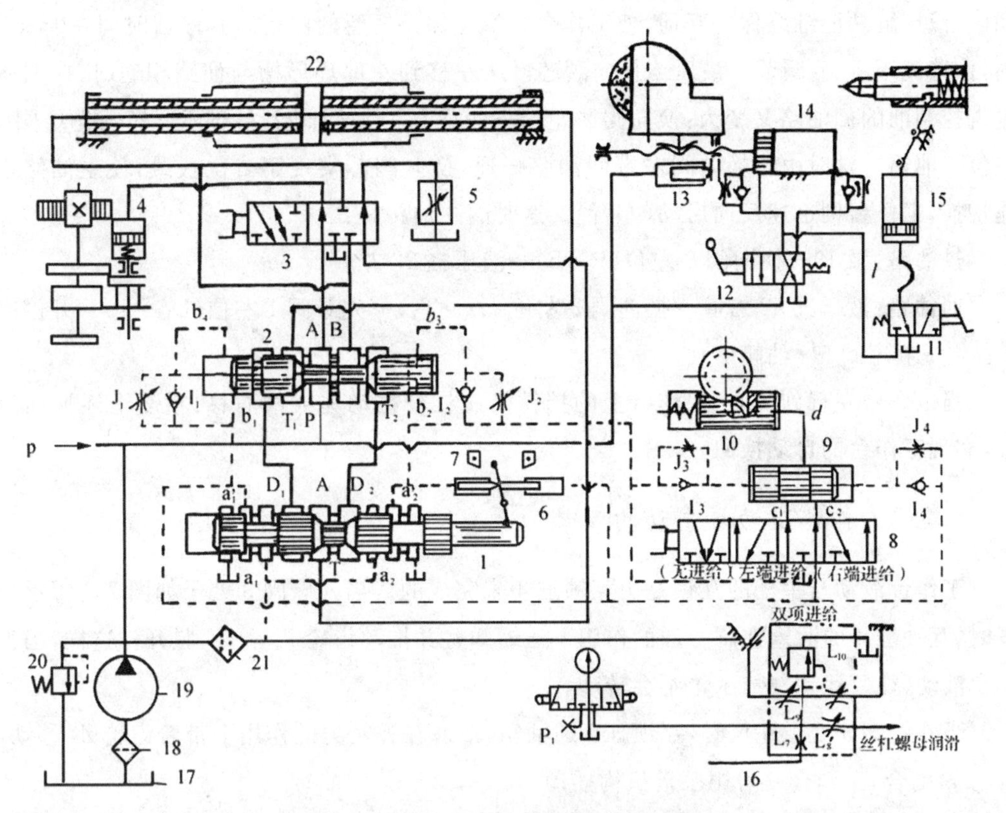

图 7.2 M1432A 型外圆磨床液压系统原理图

1.先导阀 2.换向阀 3.开停阀 4.互锁缸 5.节流阀 6.抖动缸 7.挡块 8.选择阀 9.进给阀 10.进给缸 11.尾架换向阀 12.快动换向阀 13.闸缸 14.快动缸 15.尾架缸 16.润滑稳定器 17.油箱 18.粗过滤器 19.油泵 20.溢流阀 21.精过滤器 22.工作台进给缸

(2) 回油路：抖动缸 6 右端→先导阀 1 左位→油箱。

因为抖动缸的直径很小，上述流量很小的压力油足以使之快速右移，并通过杠杆使先导阀芯快跳到左端，从而使通过先导阀到达换向阀右端的控制压力油路迅速打通，同时又使换向阀左端的回油路也迅速打通(畅通)。这时的控制油路是：

进油路：泵 19→精滤油器 21→先导阀 1 左位→单向阀 I_2→换向阀 2 右端。

回油路：换向阀 2 左端回油路在换向阀芯左移过程中有三种变换。

首先，换向阀 2 左端 $b_{1'}$→先导阀 1 左位→油箱。换向阀芯因回油畅通而迅速左移，实现第一次快跳。当换向阀芯 1 快跳到制动锥 C 的右侧关小主回油路 ($B \to T_2$) 通道，工作台便迅速制动(终制动)。换向阀芯继续迅速左移到中部台阶处于阀体中间沉割槽的中心处时，液压缸两腔都通压力油，工作台便停止运动。

换向阀芯在控制压力油作用下继续左移，换向阀芯左端回油路改为：换向阀 2 左端→节流阀 J_1→先导阀 1 左位→油箱。这时换向阀芯按节流阀(停留阀)J_1 调节的速度左移，由于换向阀体中心沉割槽的宽度大于中部台阶的宽度，所以阀芯慢速左移的一定时间内，液压缸两腔继续保持互通，使工作台在端点保持短暂的停留。其停留时间在0～5 s内，由节流阀 J_1、J_2 调节。最后当换向阀芯慢速左移到左部环形槽与油路相通时，换向阀左端控制油的回油路又变为：换向阀 2 左端→油路 b_1→换向阀 2 左部环形槽→先导阀 1 左位→油箱。这时由于换向阀左端回油路畅通，换向阀芯实现第二次快跳，使主油路迅速切换，工作台则迅速反向启动（左行）。这时的主油路是：

进油路：泵 19→换向阀 2 左位（P→B）→液压缸 22 左腔。

回油路：液压缸 22 右腔→换向阀 2 左位（A→T_1）→先导阀 1 左位（D_1→T）→开停阀 3 右位→节流阀 5→油箱。

当工作台左行到位时，工作台上的挡铁又碰杠杆推动先导阀右移，重复上述换向过程，实现工作台的自动换向。

（二）工作台液动与手动的互锁

工作台液动与手动的互锁是由互锁缸 4 来完成的。当开停阀 3 处于如图 7.2 所示位置时，互锁缸 4 的活塞在压力油的作用下压缩弹簧并推动齿轮 Z_1 和 Z_2 脱开。这样，当工作台液动（往复运动）时，手轮不会转动。

当开停阀 3 处于左位时，互锁缸 4 通油箱，活塞在弹簧力的作用下带着齿轮 Z_2 移动，Z_2 与 Z_1 啮合，工作台就可用手摇机构摇动。

（三）砂轮架的快速进、退运动

砂轮架的快速进退运动是由手动二位四通换向阀 12（快动阀）来操纵，通过快动缸来实现的。在图 7.2 所示位置时，快动阀右位接入系统，压力油经快动阀 12 右位进入快动缸 14 右腔，砂轮架快进到前端位置，快进终点是靠活塞与缸体端盖相接触来保证其重复定位精度。当快动缸左位接入系统时，砂轮架快速后退到最后端位置。为防止砂轮架在快速运动到达前后终点处产生冲击，在快动缸两端设缓冲装置，并设有抵住砂轮架的闸缸 13，用以消除丝杠和螺母间的间隙。

手动换向阀 12（快动阀）的下面装有一个自动启、闭头架电动机和冷却电动机的行程开关和一个与内圆磨具联锁的电磁铁（图上均未画出）。当手动换向阀 12（快动阀）处于右位使砂轮架处于快进时，手动阀的手柄压下行程开关，使头架电动机和冷却电动机启动。当翻下内圆磨具进行内孔磨削时，内圆磨具压另一行程开关，使联锁电磁铁通电吸合，将快动阀锁住在左位（砂轮架在退的位置），以防止误动作，保证安全。

（四）砂轮架的周期进给运动

砂轮架的周期进给运动是由选择阀 8、进给阀 9、进给缸 10，通过棘爪、棘轮、齿轮、丝杠来完成的。选择阀 8 根据加工需要可以使砂轮架在工件左端或右端时进给，也可在工件两端都进给(双向进给),也可以不进给,共四种选择。

图7.2所示为双向进给,周期进给油路:压力油从a_1点→J_4→进给阀9右端;进给阀9左端→I_3→a_2→先导阀1→油箱;进给缸10→d→进给阀9→c_1→选择阀8→a_2→先导阀1→油箱,进给缸柱塞在弹簧力的作用下复位。当工作台开始换向时,先导阀换位(左移)使a_2点变高压、a_1点变为低压(回油箱);此时周期进给油路为:压力油从a_2点→J_3→进给阀9左端;进给阀9右端→I_4→a_1点→先导阀1→油箱,使进给阀右移;与此同时,压力油经a_2点→选择阀8→c_1→进给阀9→d→进给缸10,推进给缸柱塞左移,柱塞上的棘爪拨棘轮转动一个角度,通过齿轮等推砂轮架进给一次。在进给阀活塞继续右移时,堵住c_1而打通c_2,进给缸右端→d→进给阀→c_2→选择阀→a_1→先导阀$a_{1'}$→油箱,进给缸在弹簧力的作用下再次复位。当工作台再次换向,再周期进给一次。若将选择阀转到其他位置,如右端进给,则工作台只有在换向到右端才进给一次,其进给过程不再赘述。从上述周期进给过程可知,每进给一次是由一股压力油(压力脉冲)推进给缸柱塞上的棘爪拨棘轮转一角度。通过调节进给阀两端的节流阀J_3、J_4可调节压力脉冲的时间长短,从而调节进给量的大小。

(五) 尾架顶尖的松开与夹紧

尾架顶尖只有在砂轮架处于后退位置时才允许松开。为操作方便,采用脚踏式二位三通阀11(尾架阀)来操纵,由尾架缸15来实现。如图7.2所示,只有当快动阀12处于左位、砂轮架处于后退位置,脚踏尾架阀处于右位时,才能有压力油通过尾架阀进入尾架缸,推杠杆拨尾顶尖松开工件。当快动阀12处于右位(砂轮架处于前端位置)时,油路L为低压(回油箱),这时误踏尾架阀11也无压力油进入尾架缸14,顶尖也就不会推出。尾顶尖的夹紧是靠弹簧力的作用。

(六) 抖动缸的功用

抖动缸6的功用有两项:一是帮助先导阀1实现换向过程中的快跳;二是当工作台需要作频繁短距离换向时实现工作台的抖动。

当砂轮作切入磨削或磨削短圆槽时,为提高磨削表面质量和磨削效率,需工作台频繁短距离换向—抖动。这时将换向挡铁调得很近或夹住换向杠杆,当工作台向左或向右移动时,挡铁带杠杆使先导阀阀芯向右或向左移动一个很小的距离,使先导阀1的控制进油路和回油路仅有一个很小的开口。通过此很小开口的压力油不可能使换向阀阀芯快速移动,这时,因为抖动缸柱塞直径很小,所通过的压力油足以使抖动缸快速移动。抖动缸的快速移动,推动杠带动先导阀快速移动(换向),迅速打开控制油路的进、回油口,使换向阀也迅速换向,从而使工作台作短距离频繁往复换向—抖动。

三、本液压系统的特点

由于机床加工工艺的要求，M1432A 型外圆磨床液压系统是机床液压系统中要求较高、较复杂的一种。其主要特点是：

（1）系统采用节流阀回油节流调速回路，功率损失较小。

（2）工作台采用了活塞杆固定式双杆液压缸，保证左、右往复运动的速度一致，并使机床占地面积不大。

（3）系统在结构上采用了将开停阀、先导阀、换向阀、节流阀、抖动缸等组合一体的操纵箱，使结构紧凑、管路减短、操纵方便，又便于制造和装配修理。此操纵箱属行程制动换向回路，具有较高的换向位置精度和换向平稳性。

第一节　空气的物理性质

一、空气的组成

空气的主要成分有氮气、氧气、二氧化碳和微量的惰性气体及水蒸气。含有水蒸气的空气称为湿空气，不含水蒸气的空气称为干空气。

二、空气的重要参数

（一）空气的密度

空气的密度指单位体积内空气的质量：

$$\rho = m/V$$

（二）空气的黏度

空气的黏度指气体在流动过程中，空气质点之间相对运动产生阻力的性质。其较液体的黏度小很多，主要受温度变化的影响，随温度的升高而升高。温度升高时，空气内分子运动加剧,使原本间距较大的分子之间相互碰撞增多。压力的变化对黏性的影响很小,可以忽略不计。

(三) 空气的压缩性和膨胀性

体积随压力和温度而变化的性质分别表现为压缩性和膨胀性。空气的压缩性和膨胀性远大于固体和液体的压缩性和膨胀性。

(四) 湿空气

空气中所含水分的程度用湿度和含湿量来表示。湿度的表示方法有绝对湿度和相对湿度之分。

(1) 绝对湿度:指每立方米湿空气中所含水蒸气的质量。

(2) 饱和绝对湿度:指湿空气中水蒸气的分压力达到该湿度下的蒸气的饱和压力时的绝对湿度。

(3) 相对湿度:指在某温度和总压力下,其绝对湿度与饱和绝对湿度之比。

(4) 空气的含湿量:指每千克的干空气中所混合的水蒸气的质量。

(五) 压缩空气的析水量

压缩空气一旦冷却下来,相对湿度将大大增加,到温度降到露点以后,水蒸气就要凝析出来,形成水滴,呈现液体状态。

第二节 气体的状态方程

一、理想气体的状态方程

不计黏性的气体称为理想气体。在工程应用中,空气可视为理想气体。一定质量的理想气体在状态变化的瞬间,有如下气体状态方程成立:

$$PV=RT \quad 或 \quad PV=mRT$$

式中,R 为常数。

二、气体状态变化过程

（一）等温过程

$$P_1V_1=P_2V_2=\text{常量}$$

在等温过程中，无内能变化，加入系统的热量全部变成气体所做的功。在气动系统中气缸工作、管道输送空气等均可视为等温过程。

（二）等压过程

$$V_1/T_1=V_2/T_2=\text{常量}$$

一定质量的气体，在状态变化过程中，当压力保持不变时的状态变化过程称为等压过程。

（三）等容过程

$$P_1/T_1=P_2/T_2=\text{常量}$$

一定质量的气体，在状态变化过程中，当体积保持不变时的状态变化过程称为等容过程。

（四）绝热过程

一定质量的气体和外界没有热量交换时的状态变化过程叫做绝热过程。

$$P_1V_1{}^k=P_2V_2{}^k=\text{常量}$$

式中，k 为绝热指数，对于干空气 $k=1.4$，对饱和蒸气 $k=1.3$。气动系统中快速充、排气过程一般可视为绝热过程。

（五）多变过程

$$P_1V_1n=P_2V_2n=\text{常量}$$

在实际问题中，气体的变化过程往往不能简单地归属为上述几个过程中的任意一个，不加任何条件限制的过程称之为多变过程。

第三节 气动元件的流通能力

气动元件的流通能力是指单位时间内通过阀、管路等的气体质量。目前，通流能力可以采用有效截面积 S 和质量流量 q 表示。

一、有效截面积

由于实际流体存在黏性，流速的收缩比节流孔实际面积小，此最小截面积称为有效截面积，它代表了节流孔的通流能力。有效截面积的简化计算：

(1) 阀口或管路有效截面积的计算：

$$S=\alpha A$$

式中：α 为收缩系数；A 为孔口实际面积。

(2) 多个元件组合后有效截面积的计算：

$$\text{并联元件}\quad S_R=\sum S_i$$

$$\text{串联元件}\quad 1/S_{R2}=\sum 1/S_{i2}$$

二、流量

(1) 不可压缩气体通过节流小孔的流量。当气体以较低的速度通过节流小孔时，可以不计其压缩性，将其密度视为常数，由伯努利方程和连续性方程联立推导的流量公式与液压传动的小孔流量公式有相同的表达形式，工程中常采用近似公式：

$$q_{\mathrm{m}}=\varepsilon cA[2\rho(P_1-P_2)]^{1/2}$$

式中：ε 为空气膨胀修正系数；c 为流量系数；A 为节流孔面积。

(2) 可压缩气体通过节流小孔(气流达到声速)的流量。气流在不同流速时应采用有效截面积的流量计算公式。

第九章 气源装置及气动元件

气源装置是气压传动系统的动力部分，这部分元件性能的好坏直接关系到气压传动系统能否正常工作；气动辅助元件更是气压传动系统正常工作必不可少的组成部分。

一、气动系统的组成

(1) 气源装置：获得压缩空气和存储与净化压缩空气的装置。其主体部分是空气压缩机，它将原动机供给的机械能转变为气体的压力能。如图 9.1 所示。

(2) 控制元件：用来控制压缩空气的压力、流量和流动方向，以便使执行机构完成预定的工作循环，包括各种压力控制阀、流量控制阀和方向控制阀等。

(3) 执行元件：将气体的压力能转换成机械能的一种能量转换装置，包括实现直线往复运动的气缸和实现连续回转运动或摆动的气马达或摆动马达等。

(4) 辅助元件：保证元件间的连接及消声等所必须的元件，包括管接头及消声器等。

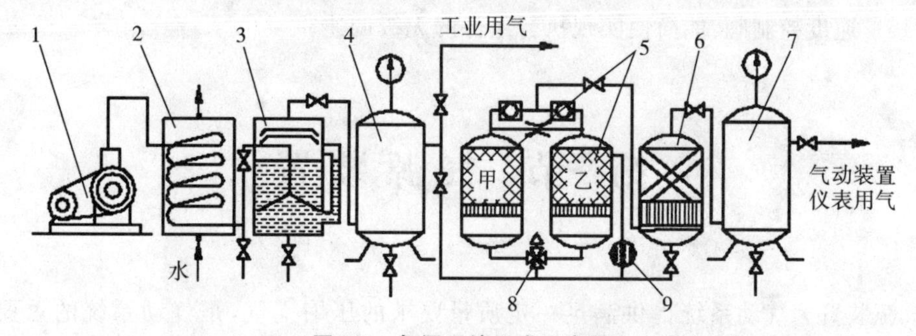

图 9.1　气源系统组成示意图

1.空气压缩机　2.后冷却器　3.油水分离器　4、7.储气罐　5.干燥器　6.过滤器

(5) 气动逻辑元件:实现一定逻辑功能的气动元件。

二、气动系统各组件及主要功能

(1) 压缩机:把机械能转变为气压能。

(2) 电动机:给压缩机提供机械能,它是把电能转变成机械能。

(3) 压力开关:被调节到一个最高压力,电动机停止,变为最低压力,重新激活电动机。

(4) 单向阀:阻止压缩空气反方向流动。

(5) 储气罐:贮存压缩空气。

(6) 压力表:显示储气罐内的压力。

(7) 自动排水器:无需人手操作,排掉凝结在储气罐内所有的水。

(8) 安全阀:当储气罐内的压力超过允许限度,可将压缩空气排出。

(9) 冷冻式空气干燥器:将压缩空气冷却到零上若干度,以减少系统中的水分。

(10) 主管道过滤器:它清除主要管道内灰尘、水分和油。主管道过滤器必须具有最小的压力降和油雾分离能力。

(11) 压缩空气的分支输出管路:压缩空气要从主管道顶部输出到分支管路,以便偶尔出现的凝结水仍留在主管道里,当压缩空气达到低处时,水传到管子的下部,流入自动排水器内,将凝结水去除。

(12) 自动排水器:每一根下接管的末端都应有一个排水器,最有效的方法是用一个自动排水器,将留在管道里的水自动排掉。

(13) 空气处理组件:使压缩空气保持清洁和合适压力,以及加润滑油到需要润滑的零件中以延长这些气动组件的寿命。

(14) 方向控制阀:通过对气缸两个接口交替地加压和排气,来控制运动的方向。

(15) 执行组件:把压缩空气的压力能转变为机械能。图标是一个直线气缸,它也可以是回转执行组件或气动马达等。

(16) 速度控制阀:能简便实现执行组件的无级调速。

第一节 气源装置

气源装置为气动系统提供满足一定质量要求的压缩空气,是气动系统的重要组成部分。

气动系统对压缩空气的主要要求:具有一定压力和流量,并具有一定的净化程度。

气源装置由四部分组成：气压发生装置(空气压缩机)，净化、贮存压缩空气的装置和设备，管道系统，气动三大件(分水过滤器、减压阀、油雾器)。

典型的气源及空气净化处理系统如图 9.2 所示。

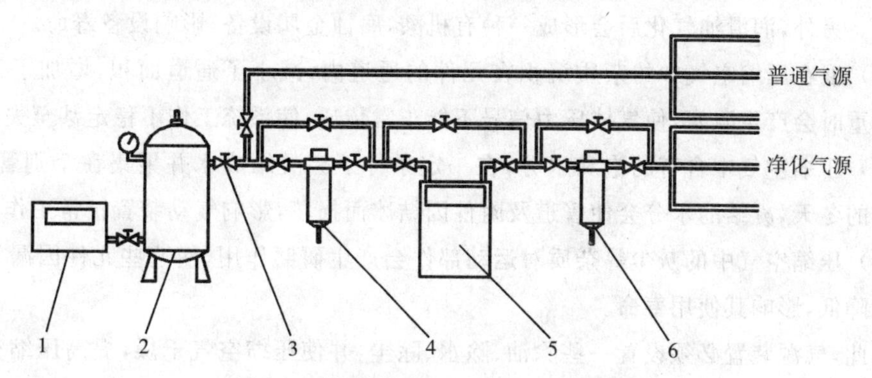

图 9.2　典型的气源及空气净化处理系统

1.空压机　2.储气罐　3.阀门　4.主管过滤器　5.干燥机　6.主管过滤器

一、气压发生装置

空气压缩机将机械能转化为气体的压力能，供气动机械使用。

(一) 空气压缩机的分类

空气压缩机主要分为容积型和速度型两种。

常用往复式容积型压缩机，一般空压机为中压，额定排气压力 1 MPa；低压空压机排气压力 0.2 MPa；高压空压机排气压力 10 MPa。

(二) 空气压缩机的选用原则

依据是气动系统所需要的工作压力和流量两个参数。空压机输出流量：

$$qV_n = \frac{qV_{n0} + qV_{n1}}{0.7(\text{或 } 0.8)}$$

式中：V_{n0} 为配管等处的泄漏量；V_{n1} 为工作元件的总流量。

二、压缩空气的净化装置和设备

(一) 气动系统对压缩空气质量的要求

压缩空气要具有一定压力和足够的流量，具有一定的净化程度。不同的气动元件对杂质颗粒的大小有具体的要求。混入压缩空气中的油分、水分、灰尘等杂质会产生不良影响：

(1) 混入压缩空气的油蒸气可能聚集在贮气罐、管道等处形成易燃物，有引起爆炸的危险。另外，润滑油气化后会形成一种有机酸，腐蚀金属设备，影响设备寿命。

(2) 混在压缩空气中的杂质沉积在元件的通道内，减小了通道面积，增加了管道阻力。严重时会产生阻塞，使气体压力信号不能正常传递，使系统工作不稳定甚至失灵。

(3) 压缩空气中含有的饱和水分，在一定条件下会凝结成水并聚集在个别管段内。在北方的冬天，凝结的水分会使管道及附件因结冰而损坏，影响气动装置正常工作。

(4) 压缩空气中的灰尘等杂质对运动部件会产生研磨作用，使这些元件因漏气增加而效率降低，影响其使用寿命。

因此，气源装置必须设置一些除油、除水、除尘，并使压缩空气干燥，提高压缩空气质量，进行气源净化处理的辅助设备。

(二) 压缩空气净化设备

一般包括后冷却器、油水分离器、贮气罐、干燥器。

(1) 后冷却器。将空气压缩机排出的 140～170 ℃的压缩空气降至 40～50 ℃，压缩空气中的油雾和水汽亦凝析出来。冷却方式有水冷式和气冷式两种。

(2) 油水分离器。主要利用回转离心、撞击、水浴等方法将水滴、油滴及其他杂质颗粒从压缩空气中分离出来。

(3) 贮气罐。主要作用是贮存一定数量的压缩空气，减少气流脉动，减弱气流脉动引起的管道振动，进一步分离压缩空气的水分和油分，如图 9.3 所示。

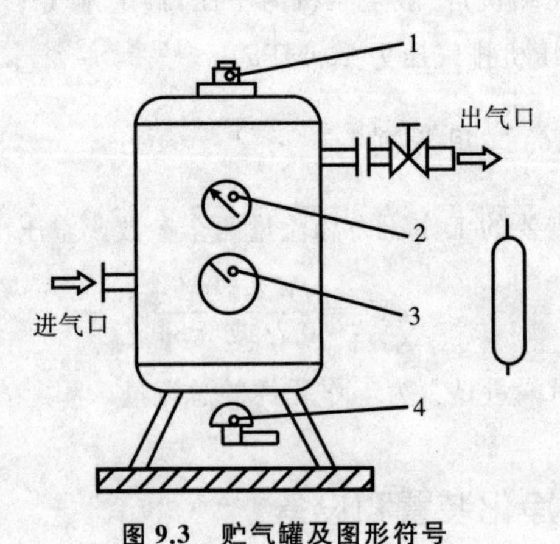

图 9.3　贮气罐及图形符号

1.安全阀　2.压力表　3.检修盖　4.排水阀

(4) 干燥器。作用是进一步除去压缩空气中含有的水分、油分、颗粒杂质等，使压缩空气干燥。其用于对气源质量要求较高的气动装置、气动仪表等，主要采用吸附、离心、机械降水及冷冻等方法。

三、气动三大件

气动三大件由分水过滤器、减压阀、油雾器组成，如图 9.4 所示。气动三大件是压缩空气质量的最后保证。

(1) 分水过滤器。作用是除去空气中的灰尘、杂质，并将空气中的水分分离出来。

(2) 油雾器。特殊的注油装置，当压缩空气流过时，它将润滑油喷射成雾状，随压缩空气流入需要的润滑部件，达到润滑的目的。

(3) 减压阀。起减压和稳压作用。

气动三大件的安装连接次序：分水过滤器、减压阀、油雾器。多数情况下，三件组合使用，也可以只用一件或两件。

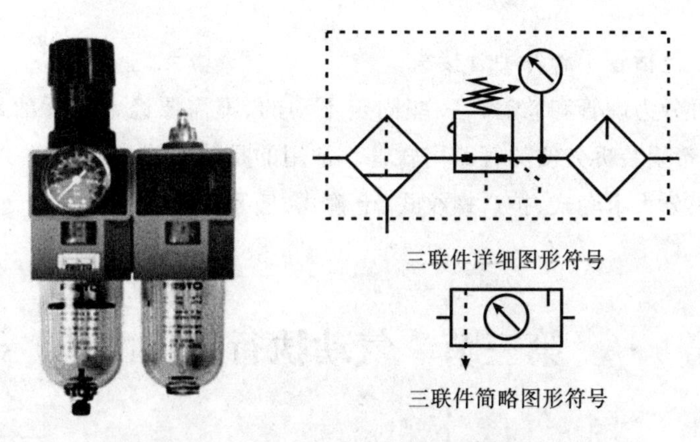

图 9.4　气动三联件外形图及图形符号

第二节　气动辅助元件

一、消声器

气缸、气阀等工作时排气速度较高，气体体积急剧膨胀，会产生刺耳的噪声。噪声的强弱随排气的速度、排气量和空气通道的形状而变化。排气的速度和功率越大，噪声也越大，一般可达 100～120 dB，为了降低噪声，在排气口要装设消声器。

消声器是通过阻尼或增加排气面积来降低排气的速度和功率，从而降低噪声的。消声器的类型有吸收型、膨胀干涉型、膨胀干涉吸收型三种，如图 9.5 所示。

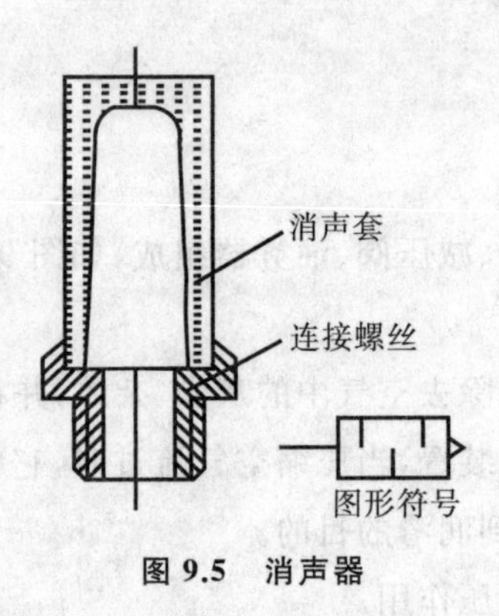

图 9.5　消声器

二、管道连接件

管道连接件包括管子和各种管接头。

(1) 管子可分为硬管和软管。一些固定不动的、不需要经常装拆的地方使用硬管，连接运动部件、希望装拆方便的管路用软管。常用的是紫铜管和尼龙管。

(2) 管接头分为卡套式、扩口螺纹式、卡箍式、插入快换式等。

第三节　气动执行元件

气动执行元件是将压缩空气的压力能转换为机械能的装置，包括气缸和气马达。实现直线运动和做功的是气缸，实现旋转运动和做功的是气马达。

一、气缸的分类及典型结构

(一) 普通气缸

普通气缸是指缸筒内只有一个活塞和一个活塞杆的气缸。有单作用和双作用气缸两种，如图 9.6、图 9.7 所示。

活塞式气缸主要由缸筒、活塞杆、活塞、导向套、前后缸盖及密封等元件组成。

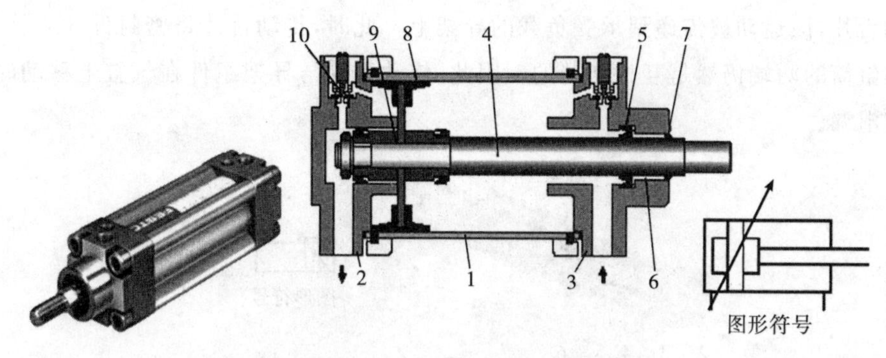

图 9.6　双作用气缸外形及结构原理图

1.缸筒　2.后缸盖　3.前缸盖　4.活塞杆　5.防尘密封圈
6.导向套　7.密封圈　8.活塞　9.缓冲柱塞　10.缓冲节流阀

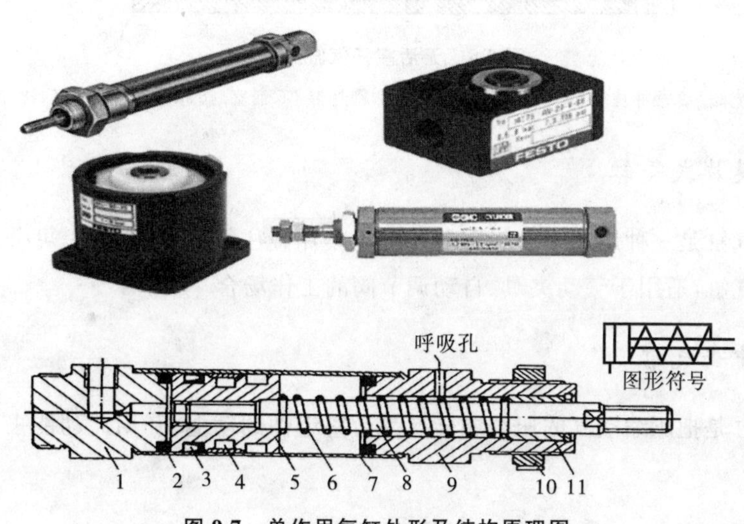

图 9.7　单作用气缸外形及结构原理图

1.后缸盖　2.橡胶缓冲垫　3.活塞密封圈　4.导向环　5.活塞
6.弹簧　7.缸筒　8.活塞杆　9.前缸盖　10.螺母　11.导向套

（二）无活塞杆气缸

1. 组成

无活塞杆气缸由缸筒 8,防尘和抗压密封件 3、4,无杆活塞 5,左右端盖,传动舌片,导架等组成。如图 9.8 所示。

2. 原理

铝制缸筒 8 沿轴向方向开槽,为防止内部压缩空气泄漏和外部杂物侵入,槽被内部抗压密封件 3 和外部防尘密封件 4 密封,塑料的内外密封件互相夹持固定着。无杆活塞 5 两端带有唇型密封圈,活塞两端分别进、排气,活塞将在缸筒内往复移动。通过缸筒槽的传动舌片，该运动被传递到承受负载的导架上。此时，传动舌片将密封件 3、4 挤开，但它们在缸筒的两端仍然是互相夹持的。因此，传动舌片与导架组件在气缸上移动时无压缩空气泄漏。

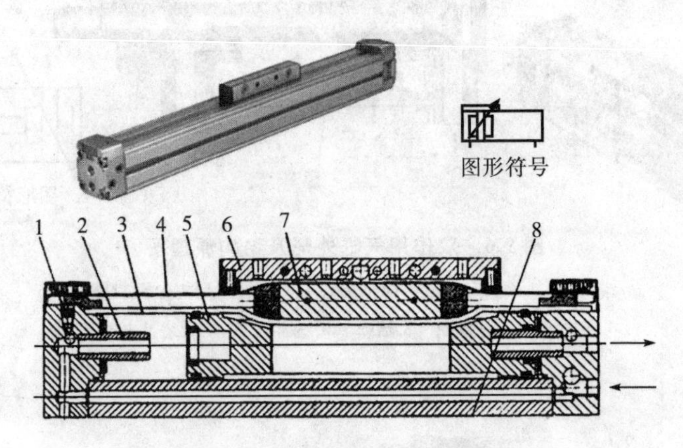

图 9.8 无活塞杆气缸结构图

1.节流阀 2.缓冲柱塞 3.内侧密封带 4.外侧密封带 5.活塞 6.滑块 7.活塞轭 8.缸筒

（三）膜片式气缸

膜片式气缸是一种用压缩空气推动非金属膜片做往复运动的气缸，可分为单作用气缸和双作用气缸，适用于气动夹具、自动调节阀的工作场合。

（四）冲击气缸

冲击气缸是把压缩空气的压力能转换为活塞组件的动能，利用此动能去做功的执行元件。

（五）工作特性

1. 气缸的速度

在运动过程中气缸活塞的速度是变化的，通常说气缸速度是指活塞平均速度。

2. 气缸的理论输出力

其计算公式与液压缸相同。

3. 气缸的效率和负载率

气缸实际所能输出的力受摩擦力的影响，其影响程度用气缸效率 η 表示，η 与缸径 D 和工作压力 p 有关，D 增大、p 提高、η 增大，一般在 0.7～0.95 之间。

在研究气缸性能和确定缸径时，常用到负载率 β 的概念：

$$\beta=\frac{\text{气缸实际负载 } F}{\text{气缸理论输出力 } F_0}\times 100\%$$

式中，β 的选取与气缸的负载性质及运动速度有关。

4. 气缸的耗气量

气缸的耗气量指气缸在往复运动时所消耗的压缩空气量，其大小与气缸性能无关，是选择空压机排量的重要依据。

二、气马达

气马达分为活塞式、叶片式、齿轮式三种。

气马达的主要特点有：

(1) 可无级调速。

(2) 可双向旋转。

(3) 有过载保护作用，过载时转速降低或停转。

(4) 具有较高的启动转矩，可直接带负载启动。

(5) 输出功率相对较小，转速范围较宽。

(6) 耗气量大，效率低，噪声大。

(7) 工作可靠，操作方便。

第四节　气动控制元件

一、气动压力控制阀

气动系统不同于液压系统，一般情况下，每一个液压系统都自带液压源(液压泵)，而在气动系统中，一般来说由空气压缩机先将空气压缩，储存在贮气罐内，然后经管路输送给各个气动装置使用。贮气罐的空气压力往往比各装置实际所需要的压力高，同时其压力波动值也较大。因此，需要用减压阀将其压力减到每台装置所需的压力，并使减压后的压力稳定在所需压力值上。

有些气动回路需要依靠回路中压力的变化来实现控制两个执行元件的顺序动作，所用的阀就是顺序阀。顺序阀与单向阀的组合称为单向顺序阀。

所有的气动回路或贮气罐为了安全起见，当压力超过允许压力值时，需要实现自动向外排气，这种压力控制阀叫安全阀(溢流阀)。

(一) 减压阀(调压阀)

图 9.9 所示为 QTY 型直动式减压阀,其工作原理是:当阀处于工作状态时,调节手柄 1、压缩弹簧 2 和 3 以及膜片 5,通过阀杆 6 使阀芯 8 下移,进气阀口被打开,有压气流从左端输入,经阀口节流减压后从右端输出。输出气流的一部分由阻尼管 7 进入膜片气室,在膜片 5 的下方产生一个向上的推力,这个推力总是企图把阀口开度关小,使其输出压力下降。当作用于膜片上的推力与弹簧力相平衡后,减压阀的输出压力便保持一定。

当输入压力发生波动时,如输入压力瞬时升高,输出压力也随之升高,作用于膜片 5 上的气体推力也随之增大,破坏了原来的力的平衡,使膜片 5 向上移动,有少量气体经溢流口 4、排气孔 11 排出。在膜片上移的同时,因复位弹簧 10 的作用,使输出压力下降,直到新的平衡为止。重新平衡后的输出压力又基本上恢复至原值。反之,输出压力瞬时下降,膜片下移,进气口开度增大,节流作用减小,输出压力基本上回升至原值。

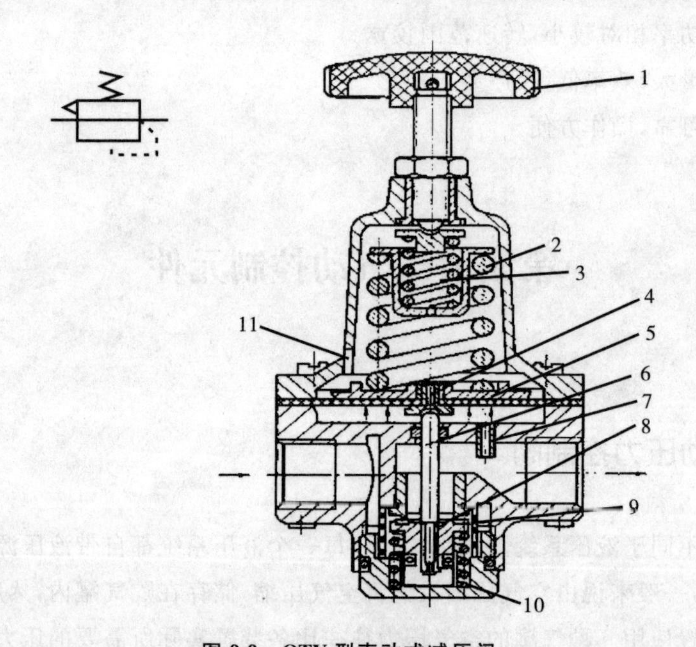

图 9.9 QTY 型直动式减压阀

1.调节手柄 2、3.压缩弹簧 4.溢流口 5.膜片
6.阀杆 7.阻尼管 8.阀芯 9.阀口 10.复位弹簧 11.排气孔

调节手柄 1 使弹簧 2、3 恢复自由状态,输出压力降至零,阀芯 8 在复位弹簧 10 的作用下,关闭进气阀口,这样减压阀便处于截止状态,无气流输出。

安装减压阀时,要按气流的方向和减压阀上所示的箭头方向,依照分水过滤器→减压阀→油雾器的安装顺序进行安装。调压时应由低向高调,直至规定的调压值。阀不用时应把手柄放松,以免膜片经常受压变形。

（二）顺序阀

顺序阀是依靠气路中压力的作用来控制执行元件按顺序动作的压力控制阀，如图9.10所示，它根据弹簧的预压缩量来控制其开启压力。当输入压力达到或超过开启压力时，顶开弹簧，于是P到A才有输出，反之A无输出。

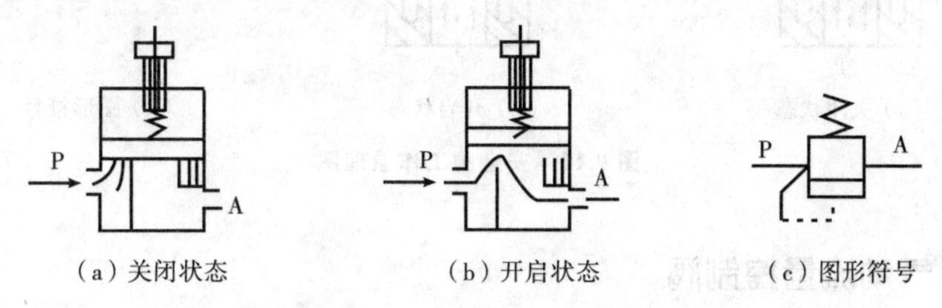

(a) 关闭状态　(b) 开启状态　(c) 图形符号

图9.10　顺序阀工作原理图

顺序阀一般很少单独使用，往往与单向阀配合在一起，构成单向顺序阀。图9.10所示为单向顺序阀的工作原理图。当压缩空气由左端进入阀腔后，作用于活塞上的气压力超过压缩弹簧上的力时，将活塞顶起，压缩空气从P经A输出，如图9.11(a)所示，此时单向阀在压差力及弹簧力的作用下处于关闭状态。反向流动时，输入侧变成排气口，输出侧压力将顶开单向阀由O口排气，如图9.11(b)所示。

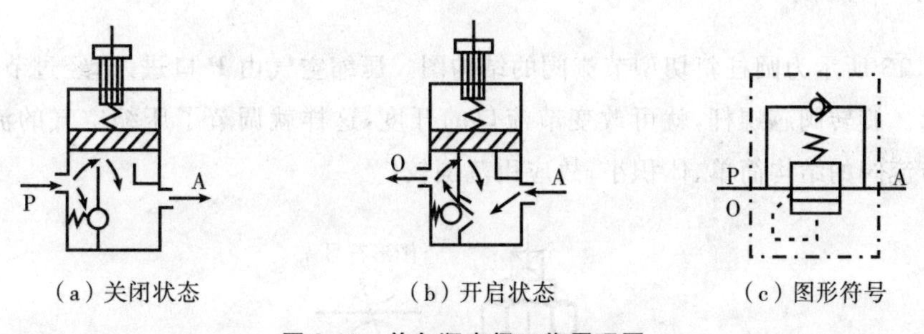

(a) 关闭状态　(b) 开启状态　(c) 图形符号

图9.11　单向顺序阀工作原理图

（三）安全阀

当贮气罐或回路中压力超过某调定值，要用安全阀向外放气，安全阀在系统中起过载保护作用。

图9.12所示是安全阀工作原理图。当系统中气体压力在调定范围内时，作用在活塞上的压力小于弹簧的压力，活塞处于关闭状态，如图9.12(a)所示。当系统压力升高，作用在活塞上的压力大于弹簧的预定压力时，活塞向上移动，阀门开启排气，如图9.12(b)所示。直到系统压力降到调定范围以下，活塞又重新关闭。开启压力的大小与弹簧的预压量有关。

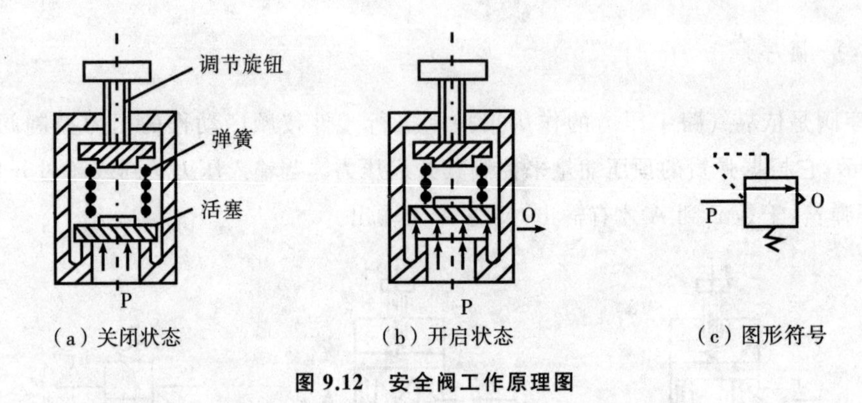

图 9.12 安全阀工作原理图

二、气动流量控制阀

在气压传动系统中，有时需要控制气缸的运动速度，有时需要控制换向阀的切换时间和气动信号的传递速度，这些都需要调节压缩空气的流量来实现，气动流量控制阀就是通过改变阀的通流截面积来实现流量控制的元件。流量控制阀包括节流阀、单向节流阀、排气节流阀和快速排气阀等。

（一） 节流阀

图 9.13 所示为圆柱斜切型节流阀的结构图。压缩空气由 P 口进入，经过节流后，由 A 口流出。旋转阀芯螺杆，就可改变节流口的开度，这样就调节了压缩空气的流量。由于这种节流阀的结构简单、体积小，故应用范围较广。

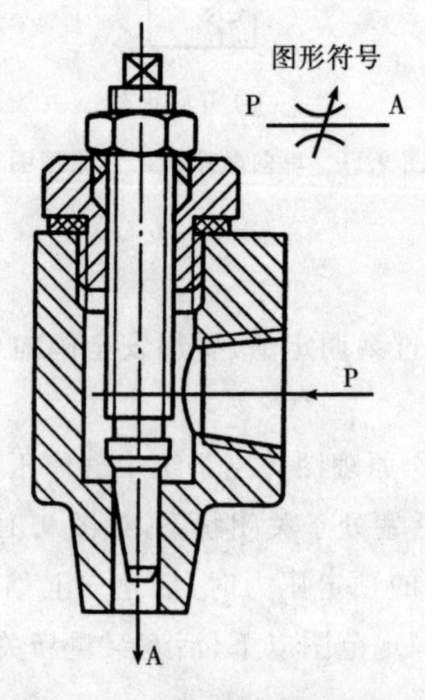

图 9.13 节流阀工作原理图

（二）单向节流阀

单向节流阀是由单向阀和节流阀并联而成的组合式流量控制阀，如图 9.14 所示。当气流沿着一个方向，例如 P→A 流动时，经过节流阀节流，如图 9.14(a)所示；反方向流动，由 A→P 时单向阀打开，不节流，单向节流阀常用于气缸的调速和延时回路，如图 9.14(b)所示。

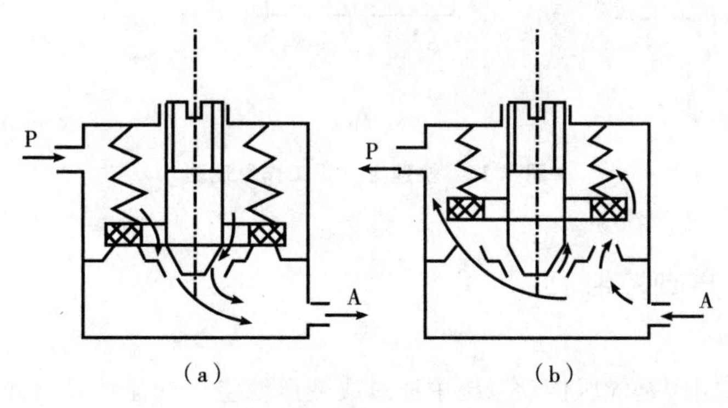

9.14　单向节流阀工作原理图

（三）排气节流阀

排气节流阀是装在执行元件的排气口处，调节进入大气中气体流量的一种控制阀。它不仅能调节执行元件的运动速度，还常带有消声器件，所以也能起降低排气噪声的作用。图 9.15 所示为排气节流阀工作原理图。其工作原理和节流阀类似，靠调节节流口处的通流面积来调节排气流量，由消声套来减小排气噪声。

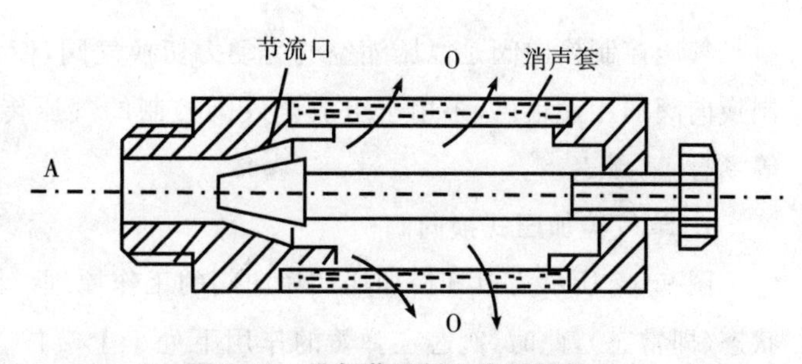

图 9.15　排气节流阀工作原理图

用流量控制的方法控制气缸内活塞的运动速度，采用气动比采用液压困难。特别是在极低速控制中，要按照预定行程变化来控制速度，只用气动很难实现。在外部负载变化很大时，仅用气动流量阀也不会得到满意的调速效果。为提高活塞的运动平稳性，建议采用气液联动。

（四）快速排气阀

图 9.16 所示为快速排气阀的工作原理。进气口 P 进入压缩空气，并将密封活塞迅速上推，开启阀口 2，同时关闭排气口 O，使进气口 P 和工作口 A 相通，如图 9.16(a)所示。图 9.16(b)所示为 P 口没有压缩空气进入时，在 A 口和 P 口压差作用下，密封活塞

迅速下降，关闭户口，使 A 口通过 O 口快速排气。

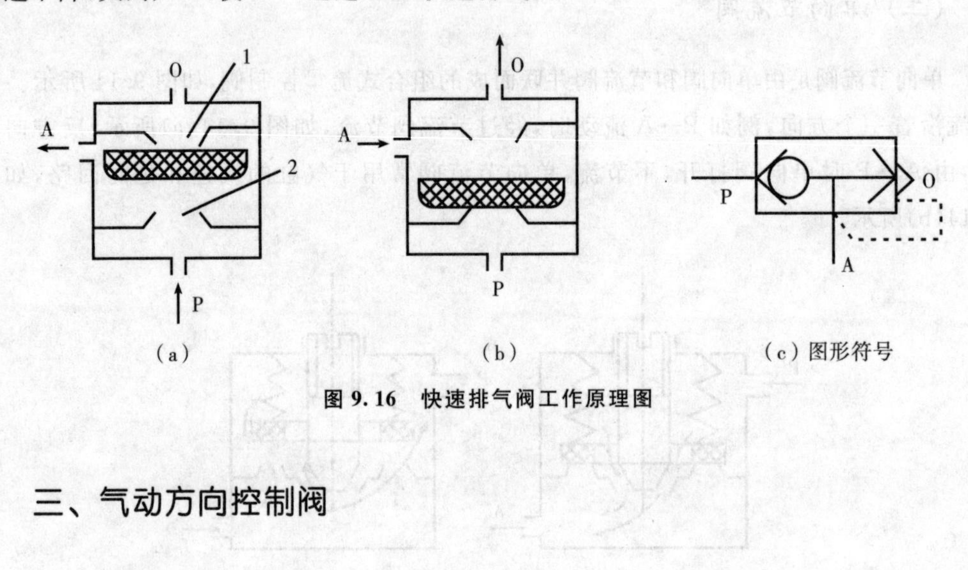

图 9.16 快速排气阀工作原理图

三、气动方向控制阀

气动方向控制阀是气压传动系统中通过改变压缩空气的流动方向和气流的通断，来控制执行元件启动、停止及运动方向的气动元件。

（一）气压控制换向阀

气压控制换向阀是以压缩空气为动力切换气阀，使气路换向或通断的阀类。气压控制换向阀的用途很广，多用于组成全气阀控制的气压传动系统或易燃、易爆以及高净化等场合。

1. 单气控加压式换向阀

图 9.17 所示为单气控加压式换向阀的工作原理。图 9.17(a)是无气控信号 K 时的状态(即常态)，此时，阀芯在弹簧的作用下处于上端位置，使阀 A 与 O 相通，A 口排气。图 9.17(b)是在有气控信号 K 时阀的状态(即动力阀状态)。由于气压力的作用，阀芯压缩弹簧下移，使阀口 A 与 O 断开，P 与 A 接通，A 口有气体输出。

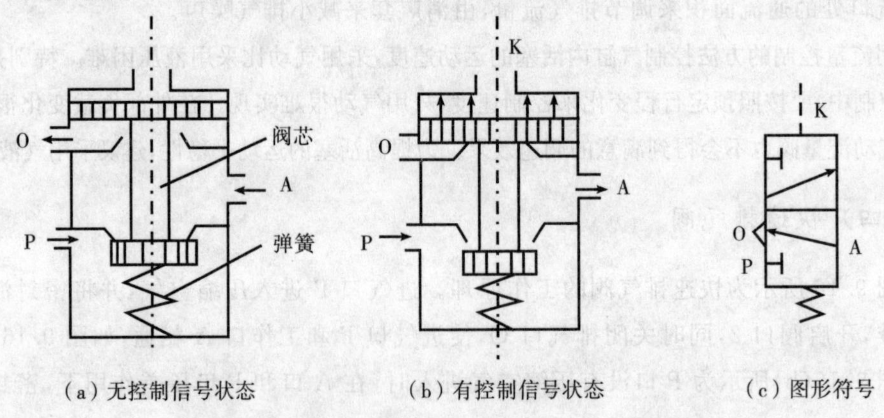

图 9.17 单气控加压截止式换向阀的工作原理图

图 9.18 所示为二位三通单气控截止式换向阀的结构图，这种结构简单、紧凑、密封可靠、换向行程短，但换向力大。若将气控接头换成电磁头（即电磁先导阀），可变气控阀为先导式电磁换向阀。

2. 双气控加压式换向阀

图 9.19 所示为双气控滑阀式换向阀的工作原理图，图 9.19(a)为有气控信号 K_2 时阀的状态，此时阀停在左边，其通路状态是 P 与 A、B 与 O_2 相通。图 9.19(b)为有气控信号 K_1 时阀的状态（此时信号 K_2 已不存在），阀芯换位，其通路状态变为 P 与 B、A 与 O_1 相通。双气控滑阀具有记忆功能，即气控信号消失后，阀仍能保持在有信号时的工作状态。

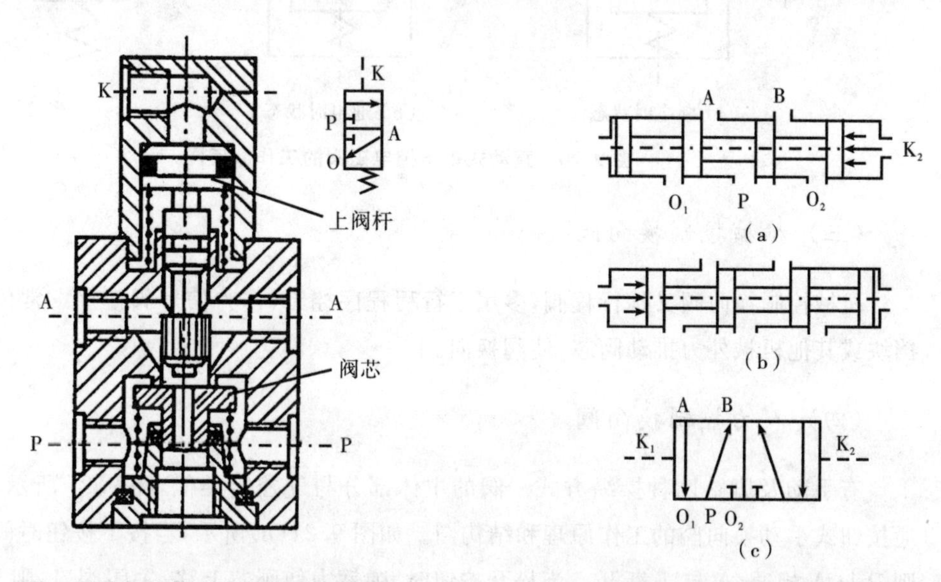

图 9.18　二位三通单气控截止式换向阀的结构图　　**图 9.19　双气控滑阀式换向阀的工作原理图**

（二）电磁控制换向阀

电磁换向控制阀是利用电磁力的作用来实现阀的切换以控制气流的流动方向。常用的电磁换向阀有直动式和先导式两种。

1. 直动式电磁换向阀

图 9.20 所示为直动式单电控电磁阀的工作原理图。该阀只有一个电磁铁。图 9.20(a)所示为常态情况，即激励线圈不通电，此时阀在复位弹簧的作用下处于上端位置。其通路状态为 A 与 T 相通，A 口排气。当通电时，电磁铁推动阀芯向下移动，气路换向，其通路为 P 与 A 相通，A 口进气，见图 9.20(b)所示。

2. 先导式电磁换向阀

直动式电磁阀是由电磁铁直接推动阀芯移动的，当阀通径较大时，采用直动式结构的电磁铁体积和电力消耗都必然加大，为克服此弱点可采用先导式电磁阀。

先导式电磁阀是由电磁铁首先控制气路，产生先导压力，再由先导压力推动主阀阀芯，使其换向。

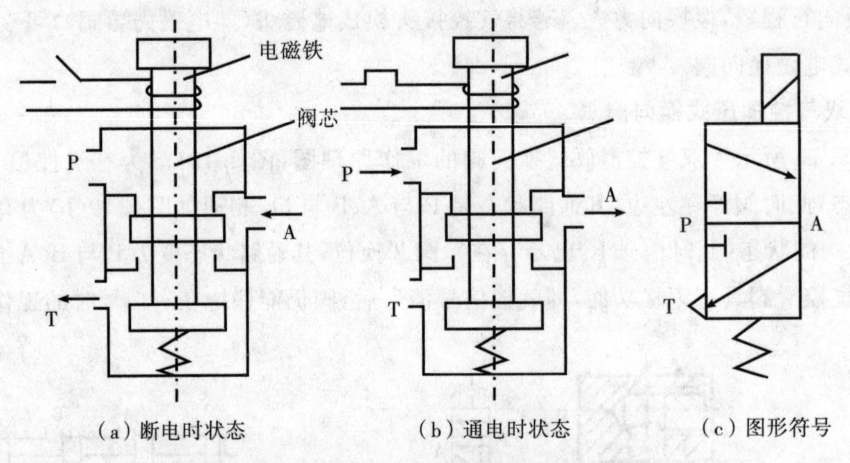

（a）断电时状态　　（b）通电时状态　　（c）图形符号

图 9.20　直动式单电控电磁阀的工作原理图

（三）机械控制换向阀

机械控制换向阀又称行程阀，多用于行程程序控制，作为信号阀使用。常依靠凸轮、挡块或其他机械外力推动阀芯，使阀换向。

（四）人力控制换向阀

有手动及脚踏两种操纵方式。阀的主体部分与气控阀类似，图 9.21 所示为二位三通按钮式手动换向阀的工作原理和结构图。如图 9.21(b)所示，当按下按钮时阀芯下移，则 P 与 A 相通、A 与 T 断开。当松开按钮时，弹簧力使阀芯上移，关闭阀口，则 P 与 A 断开、A 与 T 相通。

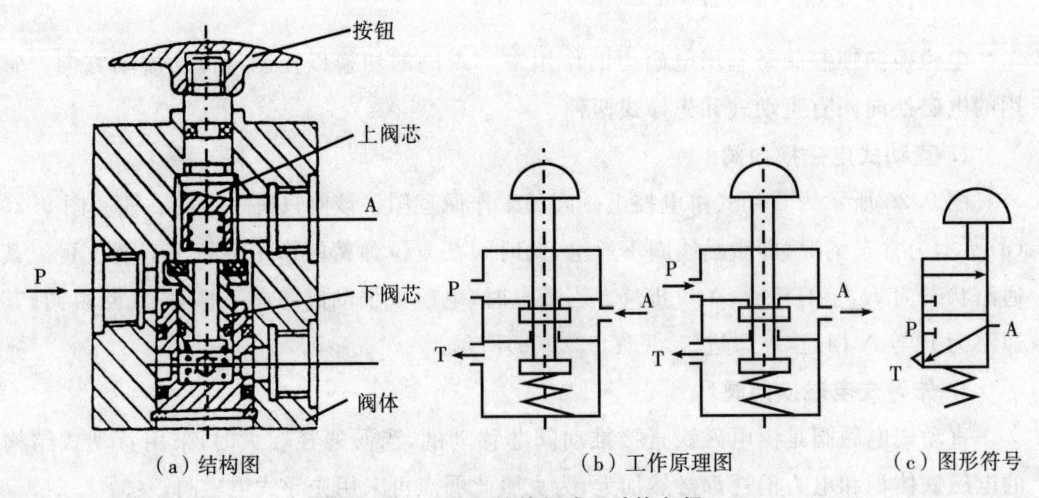

（a）结构图　　（b）工作原理图　　（c）图形符号

图 9.21　二位三通按钮式手动换向阀

（五）梭阀

梭阀相当于两个单向阀组合的阀，如图 9.22 所示为梭阀的工作原理图。梭阀有两个进气口 P_1 和 P_2，一个工作口 A，阀芯在两个方向上起单向阀的作用。其中 P_1 和 P_2 都可与 A 口相通，但这时 P_1 与 P_2 不相通。当 P_1 进气时，阀芯右移，封住 P_2 口，使 P_1 与 A 相通，A 口进气，见图 9.22(a)。反之，P_2 进气时，阀芯左移，封住 P_1 口，使 P_2 与 A 相通，A 口也进气。若 P_1 与 P_2 都进气时，阀芯就可能停在任意一边，这主要看压力加入的先后顺序和压力的大小而定。若 P_1 与 P_2 不等，则高压口的通道打开，低压口则被封闭，高压气流从 A 口输出。

梭阀的应用很广，多用于手动与自动控制的并联回路中。

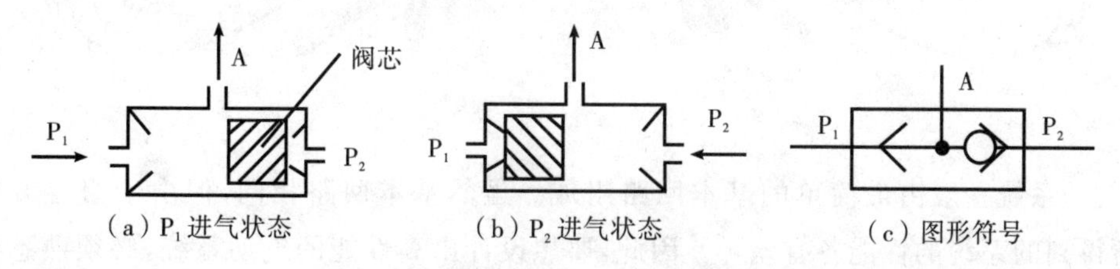

（a）P_1 进气状态　（b）P_2 进气状态　（c）图形符号

图 9.22　梭阀的工作原理图

第十章 气动基本回路与常用回路

气动系统一般由最简单的基本回路组成。虽然基本回路相同,但由于组合方式不同,所得到的系统的性能各有差异。因此,要想设计出高性能的气动系统,必须熟悉各种基本回路和经过长期生产实践总结出的常用回路。

第一节 气动基本回路

一、压力和力控制回路

为调节与控制系统的压力经常采用压力控制回路。

(一) 压力控制回路

1. 一次压力控制回路

电接触式压力表根据储气罐压力控制空压机的起停,一旦储气罐压力超过一定值时,溢流阀起安全保护作用。

2. 简单压力控制回路

采用溢流式减压阀对气源进行定压控制,如图 10.1 所示.

3. 二次压力控制回路

由多个减压阀控制,进行多个压力同时输出,如图 10.2 所示。

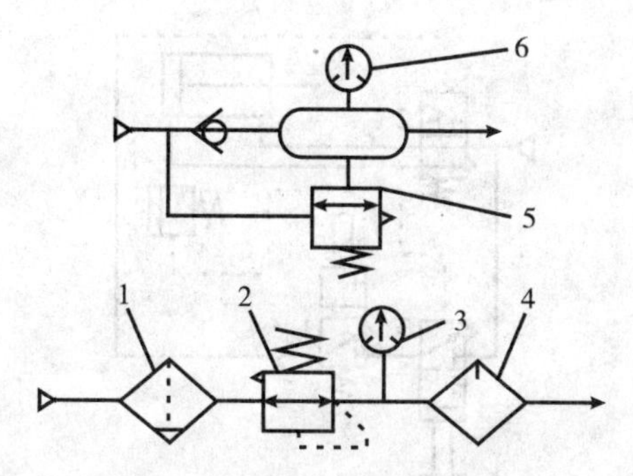

图 10.1　简单压力控制回路

1.分水过滤器　2.减压阀　3.压力表　4.油雾器　5.溢流阀　6.电接点压力表

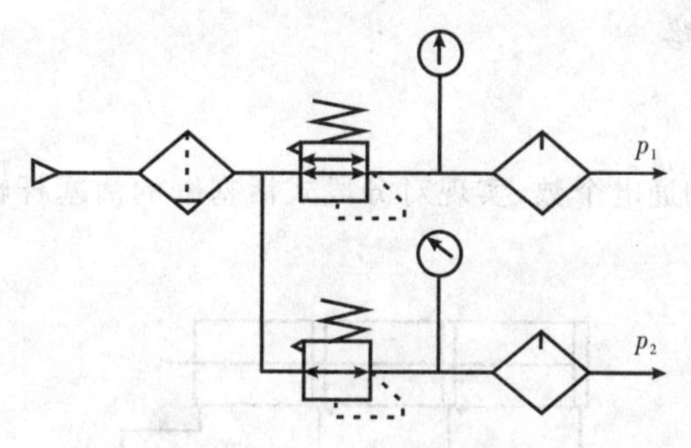

图 10.2　二次压力控制回路

4. 高低压切换回路

利用换向阀和减压阀实现高低压切换输出，如图 10.3 所示。

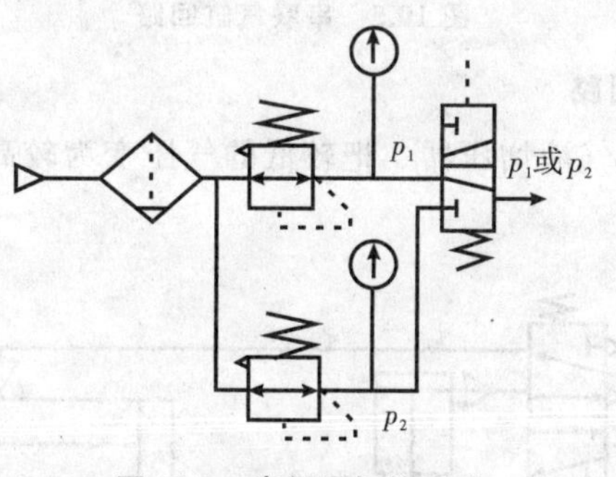

图 10.3　高低压切换回路

5. 过载保护回路

正常工作时，阀 1 得电，使阀 2 换向，气缸活塞杆外伸。如果活塞杆受压的方向发生过载，则顺序阀动作，阀 3 切换，阀 2 的控制气体排出，在弹簧力作用下换至如图 10.4 所示位置，使活塞杆缩回。

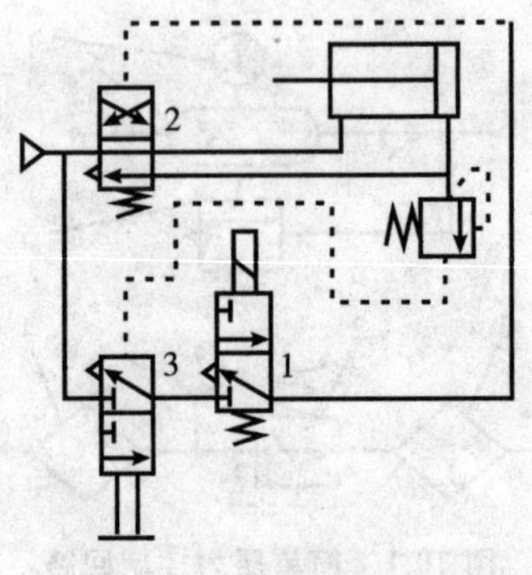

图 10.4 过载保护回路

（二）力控制回路

1. 串联气缸回路

通过控制电磁阀的通电个数，实现对分段式活塞缸的活塞杆输出推力的控制，如图10.5所示。

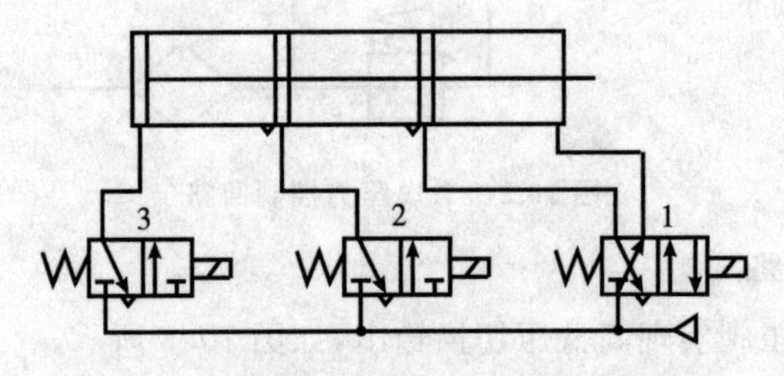

图 10.5 串联气缸回路

2. 气液增压器增力回路

如图10.6所示，利用气液增压器1把较低的气压变为较高的液压力，提高了气液缸2的输出力。

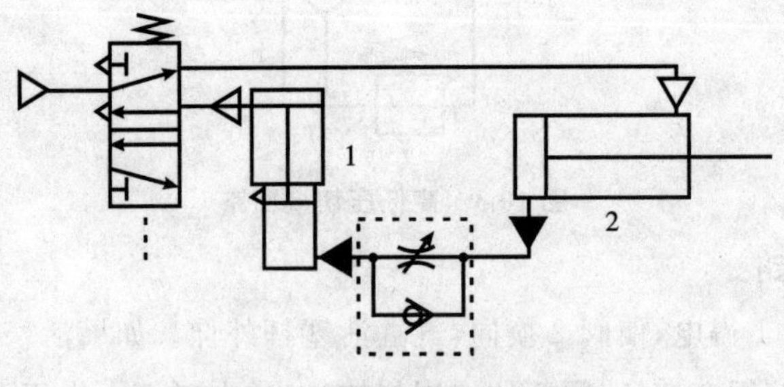

图 10.6 气液增压器增力回路

二、换向回路

（一）单作用气缸换向回路

三位五通换向阀可控制单作用气缸伸、缩、任意位置停止，如图 10.7、图 10.8 所示。

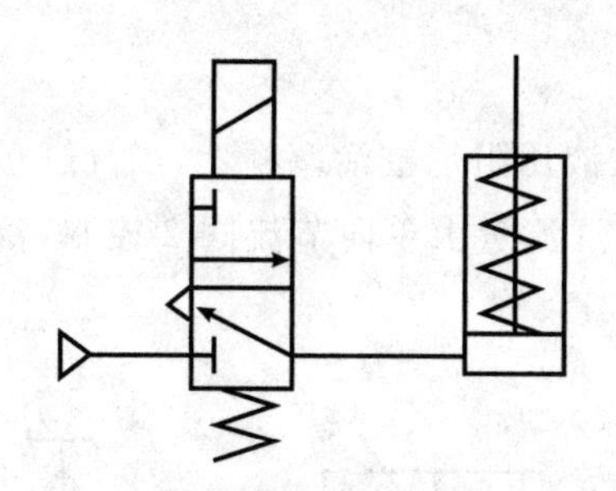

图 10.7　单作用气缸二态控制回路

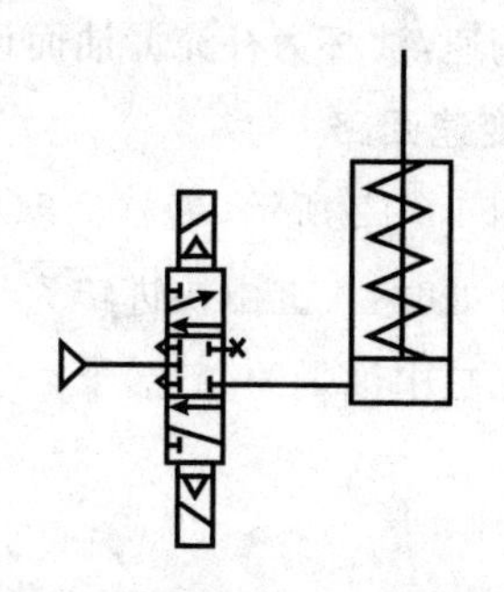

图 10.8　单作用气缸三态控制回路

（二）双作用气缸换向回路

三位五通换向阀除控制双作用气缸伸、缩换向外，还可实现任意位置停止，如图 10.9、图 10.10 所示。

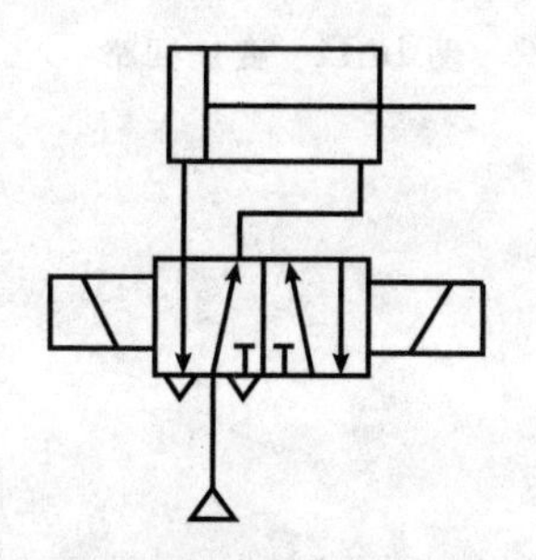

图 10.9　双作用气缸二态控制回路

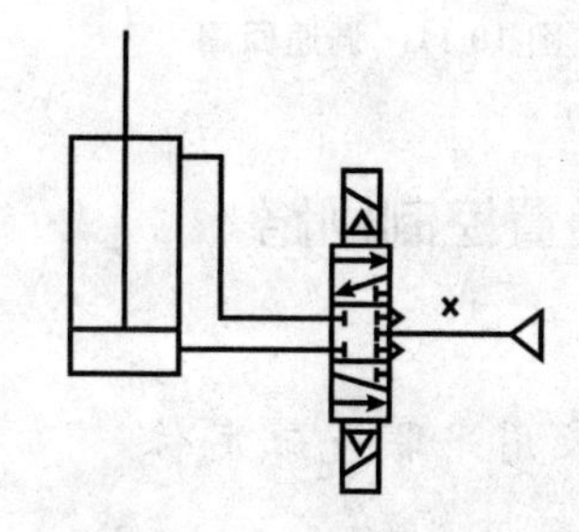

图 10.10　双作用气缸三态控制回路

三、速度控制回路

（一）气阀调速回路

1. 单作用气缸调速回路

用两个单向节流阀分别控制活塞杆的升降速度。

2. 单作用气缸快速返回回路

当活塞返回时，气缸下腔通过快速排气阀排气。排气节流阀调速回路通过两个排气节流阀控制气缸伸缩的速度。缓冲回路活塞快速向右运动至接近末端，压下机动换向阀，气体经节流阀排气，活塞低速运动到终点。

（二）气液联动速度控制回路

1. 调速回路

如图 10.11 所示，通过两个单向节流阀，利用液压油不可压缩的特点，实现两个方向的无级调速，油杯为补充漏油而设。

2. 变速回路

如图 10.12 所示，气缸活塞杆端滑块空套在液压阻尼缸活塞杆上，当气缸运动到调节螺母 3 处时，气缸由快进转为慢进。液压阻尼缸流量由单向节流阀 2 控制，蓄能器能调节阻尼缸中油量的变化。

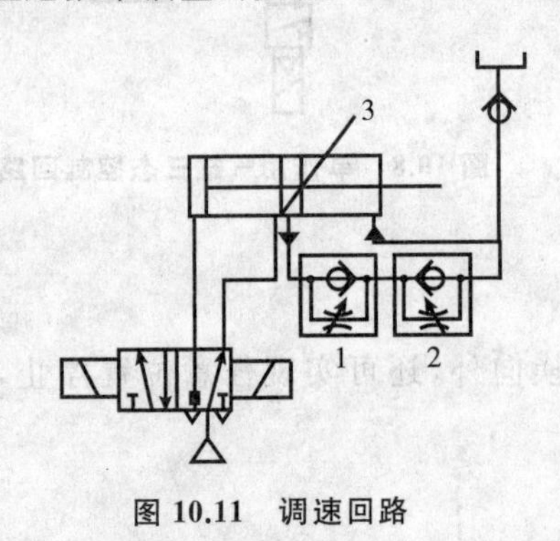

图 10.11 调速回路

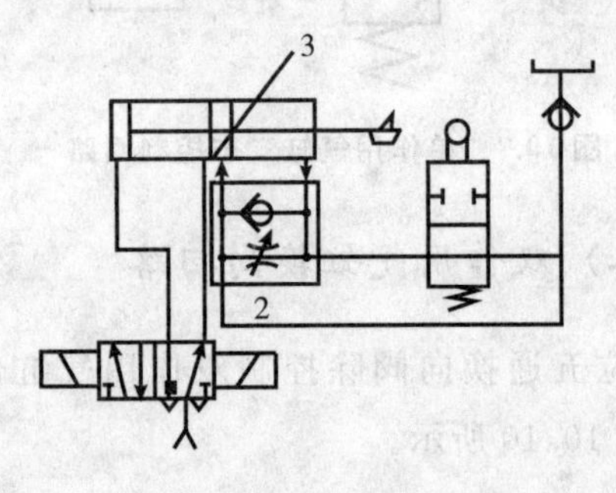

图 10.12 变速回路

四、位置控制回路

（一）采用串联气缸定位

气缸由多个不同行程的气缸串联而成。如图 10.13 所示，换向阀 1、2、3 依次得电和同时失电，可得到四个定位位置。

（二）任意位置停止回路

当气缸负载较小时，可选择如图 10.14(a)所示回路；当气缸负载较大时，应选择如图 10.14(b)所示回路。当停止位置要求精确时，可选择前面所讲的气液阻尼缸任意位置停止回路。

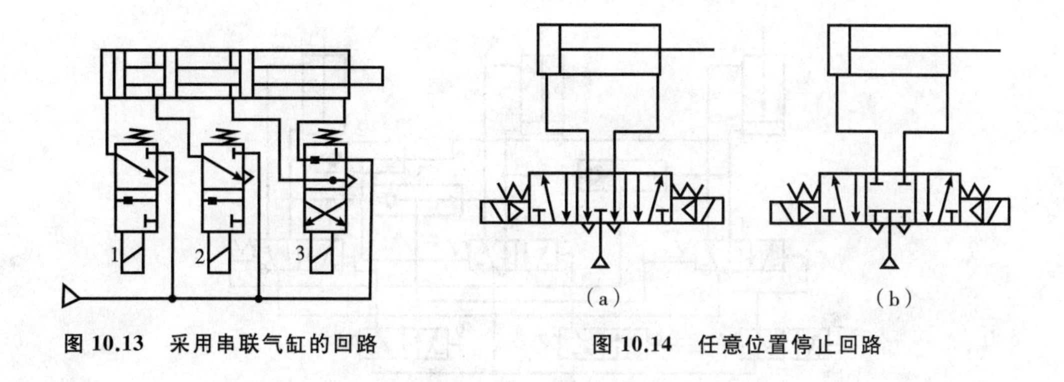

图 10.13　采用串联气缸的回路　　图 10.14　任意位置停止回路

第二节　气动常用回路

一、安全保护回路

(一) 双手保护回路

如图 10.15 所示,只有同时按下两个启动用手动换向阀,气缸才动作,对操作人员的手起到安全保护作用。双手保护回路主要应用在冲床、锻压机床上。

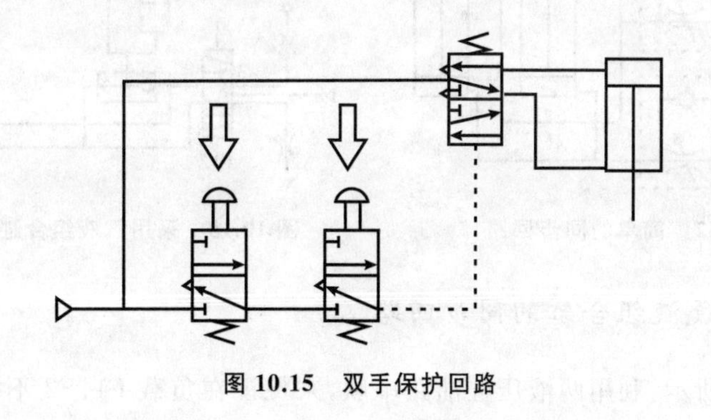

图 10.15　双手保护回路

(二) 互锁回路

如图 10.16 所示,该回路利用梭阀 1、2、3 和换向阀 4、5、6 实现互锁,防止各缸活塞同时动作,保证只有一个活塞动作。

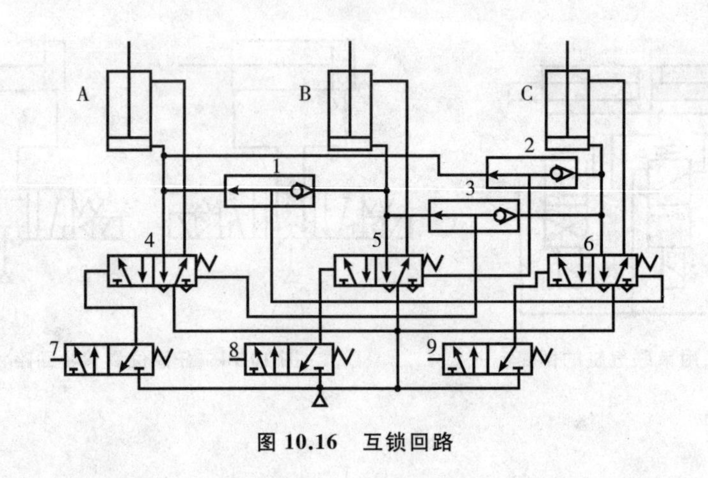

图 10.16 互锁回路

二、同步动作回路

（一）简单的同步回路

如图 10.17 所示，采用刚性零件把两个尺寸相同的气缸的活塞杆连接起来。

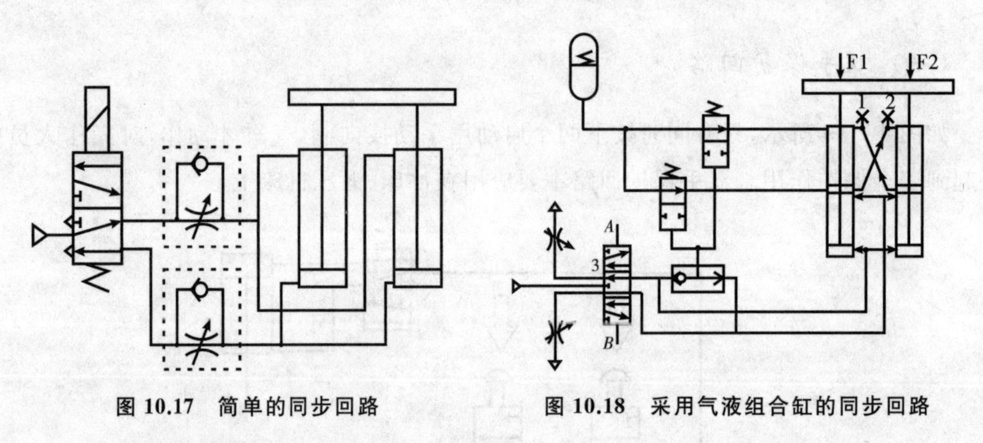

图 10.17 简单的同步回路　　图 10.18 采用气液组合缸的同步回路

（二）采用气液组合缸的同步回路

如图 10.18 所示，利用两液压缸油路串联，来保证在负载 F1、F2 不相等时也能使工作台的上下运动同步。蓄能器用于换向阀处于中位时为液压缸补充泄漏。

三、往复动作回路

（一）单往复动作回路

如图 10.19 所示，按下手动阀，二位五通换向阀处于左位，气缸外伸；当活塞杆挡块压下机动阀后，二位五通换至右位，气缸缩回，完成一次往复运动。

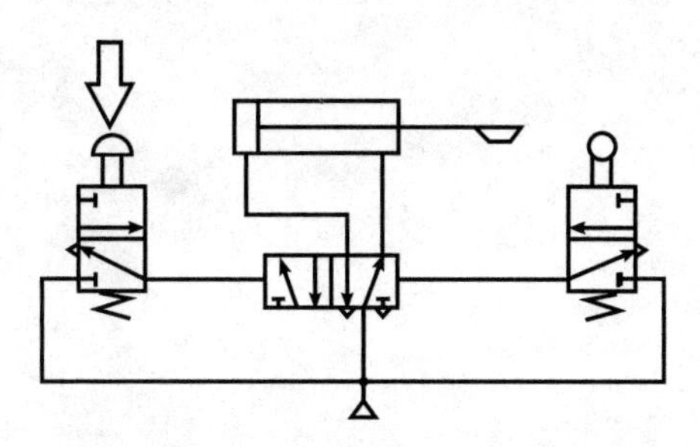

图 10.19　单往复动作回路

（二）连续往复动作回路

如图 10.20 所示，手动阀 1 换向，高压气体经阀 3 使阀 2 换向，气缸活塞杆外伸，阀 3 复位；当活塞杆挡块压下行程阀 4 时，阀 2 换至左位，活塞杆缩回，阀 4 复位；当活塞杆缩回压下行程阀 3 时，阀 2 再次换向，如此循环往复。

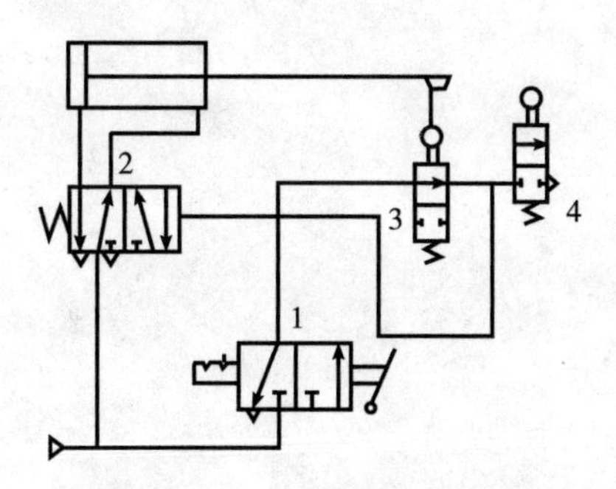

图 10.20　连续往复动作回路

第二篇 液压传动实验

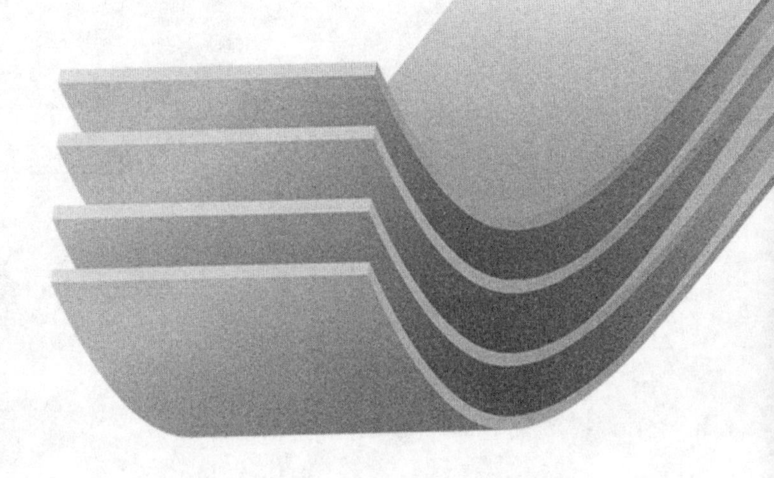

实验一

卸荷回路

一、实验目的

1. 熟读液压元件图及了解液压元件结构特点；
2. 掌握三位四通电磁换向阀的各类中位机构(如 M、H 型)的结构和工作原理；
3. 了解卸荷回路在工业中的应用。

二、实验器材

FESTO 液压传动综合教学实验台	1台
三位四通电磁换向阀(H 型或 M 型)	1只
液压缸	1只
直动型溢流阀	1只
接近开关及其支架	2套
压力表	1只
油管	若干
三菱 PLC 及控制电路	1套

三、实验原理图

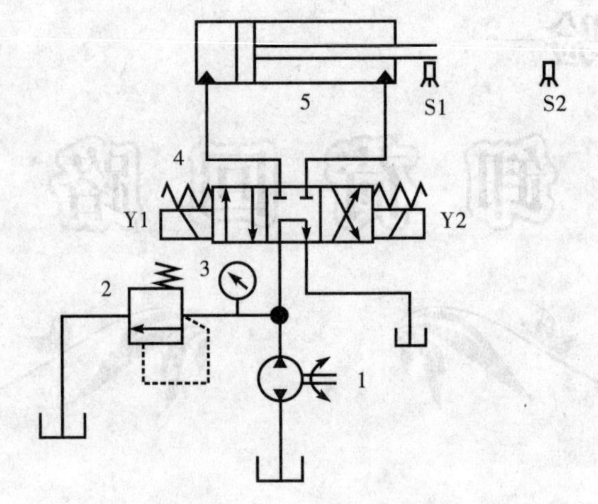

1.泵站　2.直动式溢流阀　3.压力表　4.三位四通电磁换向阀(M)

5.液压缸 S1、S2 接近开关

四、实验步骤

1. 参照回路的液压系统原理图,找出所需的液压元件,逐个安装到实验台上。

2. 参照回路的液压系统原理图,将安装好的元件用油管进行正确的连接,并与泵站相连。

3. 检查控制电路及插件安装是否紧固,并检查通电是否正常。

4. 全部连接完毕,由老师检查无误后,接通电源,对回路进行调试:

(1) 启动泵站前,先检查安全阀(溢流阀)是否完全打开。

(2) 启动泵站电机,调节并确定安全阀压力在规定范围内,压力值从压力表上直接读取。

(3) 按下按钮 X1,电磁换向阀 Y1 得电,油缸向右行,行到底时,记录压力表值。

(4) 按下按钮 X6,电磁换向阀处于中位,从液压图可以看出,电磁换向阀 Y1、Y2 均没有输出,从实验原理图中可以看出,中位机构是 M 型,因此实验回路此时处于卸荷状态,记录压力表值。

(5) 按下按钮 X2,电磁换向阀 Y2 得电,油缸向左运行,到底后,查看压力表并记录;再按下按钮 X6,电磁换向阀卸荷,记录压力表的表值。

5. 实验完毕后,应先旋松溢流阀手柄,然后停止油泵工作。经确认回路中压力为零后,取下连接油管和元件,归类放入规定的抽屉中或其他地方。

6. 清理元件和液压实验台上的灰尘和油迹,并将环境卫生清理干净。

五、实验报告

实训项目							
实训目的							
所用元件	名称						
	图形符号						
	型号						
	数量						

画出所组装回路的液压原理图及电气控制原理图,并说明其工作原理。

M型中位机构 压力值	左	中	右
1			
2			
3			

六、实验操作过程评价表

班级：__________ 姓名：__________ 学号：________ ______年__月__日

<table>
<tr><td colspan="2" rowspan="2">评价项目及标准</td><td rowspan="2">权重(%)</td><td colspan="4">等级评定</td></tr>
<tr><td>A</td><td>B</td><td>C</td><td>D</td></tr>
<tr><td rowspan="5">操作技能</td><td>1. 液压原理图正确识读</td><td>10</td><td></td><td></td><td></td><td></td></tr>
<tr><td>2. 工作原理的简述正确性</td><td>15</td><td></td><td></td><td></td><td></td></tr>
<tr><td>3. 液压元件安装及管路连接正确性</td><td>15</td><td></td><td></td><td></td><td></td></tr>
<tr><td>4. 控制电路的连接正确性</td><td>15</td><td></td><td></td><td></td><td></td></tr>
<tr><td>5. 通电及通油能正确运行</td><td>10</td><td></td><td></td><td></td><td></td></tr>
<tr><td>实习过程</td><td>1. 液压器具及设备的规范使用情况
2. 平时出勤情况及按时完成任务情况
3. 每天对工具的整理保管及场地卫生清扫情况</td><td>15</td><td></td><td></td><td></td><td></td></tr>
<tr><td>学习态度</td><td>1. 师生互动
2. 良好的劳动习惯
3. 组员的交流、合作
4. 实践动手操作的兴趣、态度、主动积极性</td><td>10</td><td></td><td></td><td></td><td></td></tr>
<tr><td>安全文明生产</td><td>严格按《实验守则》要求穿戴好劳保防护用品，及在操作过程中注意安全，规范地使用工具</td><td>10</td><td></td><td></td><td></td><td></td></tr>
<tr><td colspan="2">合计</td><td>100</td><td colspan="4"></td></tr>
<tr><td rowspan="2">简要评述</td><td rowspan="2"></td><td>评分人</td><td colspan="4"></td></tr>
<tr><td>日期</td><td colspan="4">年 月 日</td></tr>
</table>

等级评定：A：优(10)、B：好(8)、C：一般(6)、D：有待提高(4)。

实验二

锁紧回路

一、实验目的

1. 了解锁紧回路在工业中的作用，并举例说明；
2. 掌握典型的液压锁紧回路及其运用；
3. 掌握普通单向阀和液控单向阀的工作原理、职能符号及其运用。

二、实验器材

FESTO 液压传动综合教学实验台	1 台
换向阀（阀芯机能“H”或“Y”）	1 只
液控单向阀（液地、压锁）	2 只
液压缸	1 只
溢流阀	1 只
接近开关及其支架	2 套
油管	若干
四通油路过渡底板	3 个
压力表	2 只
三菱 PLC 及控制电路	1 套

三、实验原理图

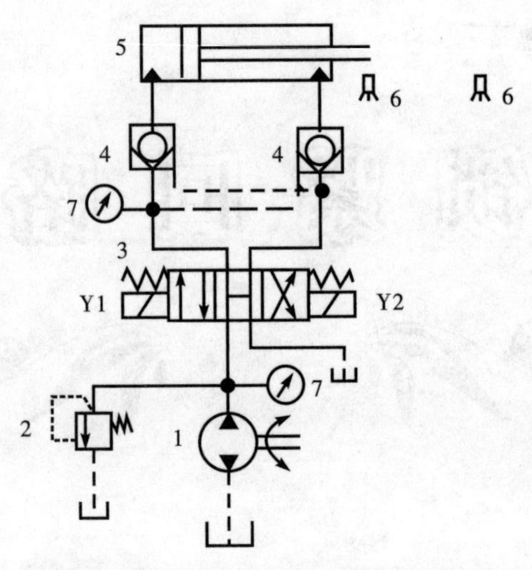

1.泵站 2.溢流阀 3.三位四通电磁换向阀(H)
4.液控换向阀 5.液压油缸 6.接近开关 7.压力表

四、实验步骤

1. 根据实验内容,设计实验的基本回路。所设计的回路必须经过认真检查,确保正确无误。

2. 按照回路要求,检查无误,选择所需的液压元件,并且检查其性能的完好性。

3. 将检验好的液压元件安装在插件板的适当位置,按照回路要求,使用快速接头和软管把各个元件(包括压力表)连接起来(注:并联油路可用多孔油路板)。

4. 将电磁阀及行程开关与控制线连接。

5. 按照回路图,确认安装连接正确后,旋松泵出口自行安装的溢流阀。经过检查确认正确无误后,再启动油泵,按要求调压。不经检查,私自开机,一切后果由本人负责。

6. 全部连接完毕,由老师检查无误后,接通电源,对回路进行调试。

(1) 启动泵站前,先检查安全阀(溢流阀)是否完全打开。

(2) 启动泵站电机,调节并确定安全阀压力在安全值范围内,压力值从压力表上直接读取。

(3) 按下按钮 X1,电磁换向阀 Y1 得电,油缸向右行,记录压力表示值变化。

(4) 按下按钮 X6,电磁换向阀处于中位,Y1、Y2 没有通电,无输出,油缸在任意位置停止并锁止(液控单向阀作用)。换向阀处于中位(H 型),液压泵卸荷。

(5) 按下按钮 X2,电磁换向阀 Y2 得电,油缸向左运行到底后,查看压力表并记录;

再按下按钮 X6,电磁换向阀卸荷,记录压力表示值。

7. 系统溢流阀作安全阀使用,不得随意调整。

8. 根据回路要求,调节换向阀,使液压油缸停止在要求的位置。

9. 实验完毕后,应先旋松溢流阀手柄,然后停止油泵工作,经确认回路中压力为零后,取下连接油管和元件,归类放入规定的抽屉中或其他地方。

10. 清理元件和液压实验台上的灰尘和油迹,并将环境卫生清理干净。

五、实验报告

实训项目							
实训目的							
所用元件	名称						
	图形符号						
	型号						
	数量						

画出所组装回路的液压原理图及电气控制原理图,并说明其工作原理。

H型中位机构 / 压力值	左	中	右
1			
2			
3			

六、实验操作过程评价表

班级：__________ 姓名：__________ 学号：________ ______年__月__日

<table>
<tr><td colspan="2" rowspan="2">评价项目及标准</td><td rowspan="2">权重(%)</td><td colspan="4">等级评定</td></tr>
<tr><td>A</td><td>B</td><td>C</td><td>D</td></tr>
<tr><td rowspan="5">操作技能</td><td>1. 液压原理图正确识读</td><td>10</td><td></td><td></td><td></td><td></td></tr>
<tr><td>2. 工作原理的简述正确性</td><td>15</td><td></td><td></td><td></td><td></td></tr>
<tr><td>3. 液压元件安装及管路连接正确性</td><td>15</td><td></td><td></td><td></td><td></td></tr>
<tr><td>4. 控制电路的连接正确性</td><td>15</td><td></td><td></td><td></td><td></td></tr>
<tr><td>5. 通电及通油能正确运行</td><td>10</td><td></td><td></td><td></td><td></td></tr>
<tr><td>实习过程</td><td>1. 液压器具及设备的规范使用情况
2. 平时出勤情况及按时完成任务情况
3. 每天对工具的整理保管及场地卫生清扫情况</td><td>15</td><td></td><td></td><td></td><td></td></tr>
<tr><td>学习态度</td><td>1. 师生互动
2. 良好的劳动习惯
3. 组员的交流、合作
4. 实践动手操作的兴趣、态度、主动积极性</td><td>10</td><td></td><td></td><td></td><td></td></tr>
<tr><td>安全文明生产</td><td>严格按《实验守则》要求穿戴好劳保防护用品，及在操作过程中注意安全，规范地使用工具</td><td>10</td><td></td><td></td><td></td><td></td></tr>
<tr><td colspan="2">合计</td><td>100</td><td colspan="4"></td></tr>
<tr><td rowspan="2">简要评述</td><td rowspan="2"></td><td>评分人</td><td colspan="4"></td></tr>
<tr><td>日期</td><td colspan="4">年 月 日</td></tr>
</table>

等级评定：A：优(10)、B：好(8)、C：一般(6)、D：有待提高(4)。

实验三

溢流阀的二级调压回路

一、实验目的

1. 熟读液压元件图及了解液压元件结构特点；
2. 了解先导式溢流阀、直动式溢流阀的工作原理；
3. 掌握并应用溢流阀的二级调压及多级调压。

二、实验器材

FESTO 液压传动综合教学实验台	1台
液压泵站	1台
直动式溢流阀	1只
先导型溢流阀	1只
二位二通电磁换向阀	1只
压力表	2只
油管	若干
三菱 PLC 及控制电路	1套

三、实验原理图

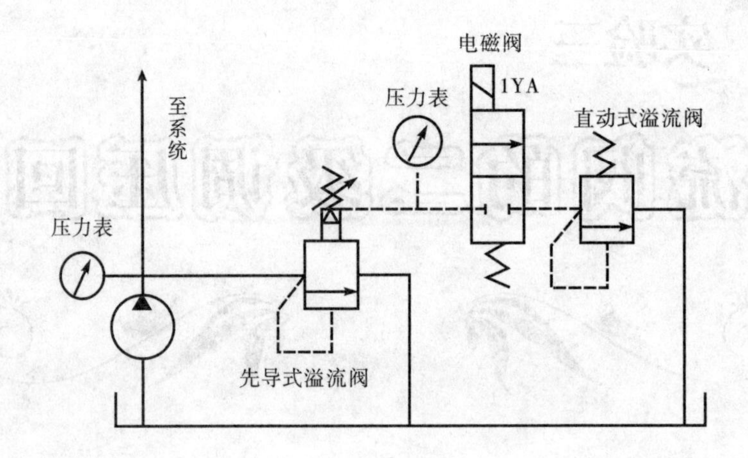

四、实验步骤

1. 参照回路的液压系统原理图,找出所需的液压元件,逐个并合理地安装到实验台上。

2. 参照回路的液压系统原理图,将安装好的元件用油管进行正确的连接,并与泵站相连。

3. 检查控制电路及插件安装是否紧固,并检查通电是否正常。

4. 全部连接完毕,由老师检查无误后,接通电源,对回路进行调试:

(1) 启动泵站前,先检查安全阀是否打开,并全部关闭先导式溢流阀、直动式溢流阀。

(2) 启动泵,调节并确定安全阀压力在规定范围内;全部打开先导式溢流阀、直动式溢流阀。

(3) 调节先导式溢流阀的所需压力,压力值从压力表上直接读出,持续 1～2 分钟。

(4) 按下按钮 X1,使二位二通电磁阀处于接通状态,再调节直动式溢流阀所需的压力值(直动式溢流阀调节的压力值要小于先导式溢流阀调节的压力值)。

5. 实验完毕后,应先旋松溢流阀手柄,然后停止油泵工作。经确认回路中压力为零后,取下连接油管和元件,归类放入规定的抽屉中或其他地方。

6. 清理元件和液压实验台上的灰尘和油迹,并将环境卫生清理干净。

五、实验报告

实训项目							
实训目的							
所用元件	名称						
	图形符号						
	型号						
	数量						

画出所组装回路的液压原理图及电气控制原理图,并说明其工作原理。

电磁阀 压力值	上	下
1		
2		
3		

六、实验操作过程评价表

班级:__________ 姓名:__________ 学号:________ ______年__月__日

<table>
<tr><th colspan="2" rowspan="2">评价项目及标准</th><th rowspan="2">权重(%)</th><th colspan="4">等级评定</th></tr>
<tr><th>A</th><th>B</th><th>C</th><th>D</th></tr>
<tr><td rowspan="5">操作技能</td><td>1. 液压原理图正确识读</td><td>10</td><td></td><td></td><td></td><td></td></tr>
<tr><td>2. 工作原理的简述正确性</td><td>15</td><td></td><td></td><td></td><td></td></tr>
<tr><td>3. 液压元件安装及管路连接正确性</td><td>15</td><td></td><td></td><td></td><td></td></tr>
<tr><td>4. 控制电路的连接正确性</td><td>15</td><td></td><td></td><td></td><td></td></tr>
<tr><td>5. 通电及通油能正确运行</td><td>10</td><td></td><td></td><td></td><td></td></tr>
<tr><td>实习过程</td><td>1. 液压器具及设备的规范使用情况
2. 平时出勤情况及按时完成任务情况
3. 每天对工具的整理保管及场地卫生清扫情况</td><td>15</td><td></td><td></td><td></td><td></td></tr>
<tr><td>学习态度</td><td>1. 师生互动
2. 良好的劳动习惯
3. 组员的交流、合作
4. 实践动手操作的兴趣、态度、主动积极性</td><td>10</td><td></td><td></td><td></td><td></td></tr>
<tr><td>安全文明生产</td><td>严格按《实验守则》要求穿戴好劳保防护用品,及在操作过程中注意安全,规范地使用工具</td><td>10</td><td></td><td></td><td></td><td></td></tr>
<tr><td colspan="2">合计</td><td>100</td><td colspan="4"></td></tr>
<tr><td rowspan="2">简要评述</td><td rowspan="2"></td><td>评分人</td><td colspan="4"></td></tr>
<tr><td>日期</td><td colspan="4">年 月 日</td></tr>
</table>

等级评定:A:优(10)、B:好(8)、C:一般(6)、D:有待提高(4)。

实验四

二级减压回路

一、实验目的

1. 了解减压阀的内部结构、工作原理；
2. 掌握并应用减压阀的二级调压及多级调压；
3. 了解减压回路在实际生产中的应用范围。

二、实验器材

FESTO 液压传动综合教学实验台	1台
液压泵站	1台
直动式溢流阀	1只
先导型溢流阀	1只
二位二通电磁换向阀	1只
压力表	2只
油管	若干
三菱 PLC 及控制电路	1套

三、实验原理图

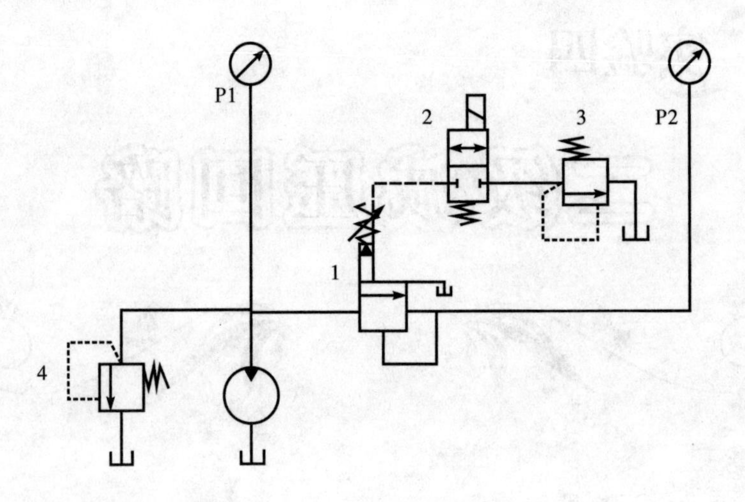

四、实验步骤

1. 参照回路的液压系统原理图，找出所需的液压元件，逐个安装到实验台上。

2. 参照回路的液压系统原理图，将安装好的元件用油管进行正确的连接，并与泵站相连。

3. 根据回路动作要求画出电磁铁动作顺序表，并画出电气控制原理图。根据电气控制原理图连接好电路。

4. 全部连接完毕，由老师检查无误后，接通电源，对回路进行调试：

(1) 启动泵站前，先检查安全阀 4 是否完全打开；关闭先导式减压阀 1，打开调压阀 3。

(2) 启动泵，调节安全阀 4 并确定安全阀压力在规定范围内，压力值从压力表 P1 上直接读取。

(3) 慢慢打开减压阀，观察并记录压力表 P1、压力表 P2 的压力值。

(4) 按下按钮，使二位二通电磁换向阀处于得电的位置，慢慢调节调压阀 3(不能高于减压阀 1 的调压值)，观察并记录压力表 P1 值、压力表 P2 值。

5. 实验完毕后，应先旋松溢流阀手柄，然后停止油泵工作。经确认回路中压力为零后，取下连接油管和元件，归类放入规定的抽屉中或其他地方。

6. 清理元件和液压实验台上的灰尘和油迹，并将环境卫生清理干净。

五、实验报告

<table>
<tr><td>实训项目</td><td colspan="7"></td></tr>
<tr><td>实训目的</td><td colspan="7"></td></tr>
<tr><td rowspan="4">所用元件</td><td>名称</td><td></td><td></td><td></td><td></td><td></td><td></td></tr>
<tr><td>图形符号</td><td></td><td></td><td></td><td></td><td></td><td></td></tr>
<tr><td>型号</td><td></td><td></td><td></td><td></td><td></td><td></td></tr>
<tr><td>数量</td><td></td><td></td><td></td><td></td><td></td><td></td></tr>
</table>

画出所组装回路的液压原理图及电气控制原理图，并说明其工作原理。

电磁阀 / 压力值	上	下
1		
2		
3		

六、实验操作过程评价表

班级:____________ 姓名:____________ 学号:________ ______年__月__日

<table>
<tr><th colspan="2" rowspan="2">评价项目及标准</th><th rowspan="2">权重(%)</th><th colspan="4">等级评定</th></tr>
<tr><th>A</th><th>B</th><th>C</th><th>D</th></tr>
<tr><td rowspan="5">操作技能</td><td>1. 液压原理图正确识读</td><td>10</td><td></td><td></td><td></td><td></td></tr>
<tr><td>2. 工作原理的简述正确性</td><td>15</td><td></td><td></td><td></td><td></td></tr>
<tr><td>3. 液压元件安装及管路连接正确性</td><td>15</td><td></td><td></td><td></td><td></td></tr>
<tr><td>4. 控制电路的连接正确性</td><td>15</td><td></td><td></td><td></td><td></td></tr>
<tr><td>5. 通电及通油能正确运行</td><td>10</td><td></td><td></td><td></td><td></td></tr>
<tr><td>实习过程</td><td>1. 液压器具及设备的规范使用情况
2. 平时出勤情况及按时完成任务情况
3. 每天对工具的整理保管及场地卫生清扫情况</td><td>15</td><td></td><td></td><td></td><td></td></tr>
<tr><td>学习态度</td><td>1. 师生互动
2. 良好的劳动习惯
3. 组员的交流、合作
4. 实践动手操作的兴趣、态度、主动积极性</td><td>10</td><td></td><td></td><td></td><td></td></tr>
<tr><td>安全文明生产</td><td>严格按《实验守则》要求穿戴好劳保防护用品,及在操作过程中注意安全,规范地使用工具</td><td>10</td><td></td><td></td><td></td><td></td></tr>
<tr><td colspan="2">合计</td><td>100</td><td colspan="4"></td></tr>
<tr><td rowspan="2">简要评述</td><td rowspan="2"></td><td>评分人</td><td colspan="4"></td></tr>
<tr><td>日期</td><td colspan="4">年 月 日</td></tr>
</table>

等级评定:A:优(10)、B:好(8)、C:一般(6)、D:有待提高(4)。

实验五 差动连接的增速回路

一、实验目的

1. 熟悉各液压元件的工作原理；
2. 了解液压差动回路在工业中的运用。

二、实验器材

FESTO 液压传动综合教学实验台	1台
液压泵站	1台
液压缸	1台
三位四通电磁换向阀	1只
二位三通电磁换向阀	1只
调速阀(或节流阀单向阀)	1只
接近开关及其支架	3套
油管、压力表、四通	若干
三菱 PLC 及控制电路	1套

三、实验原理图

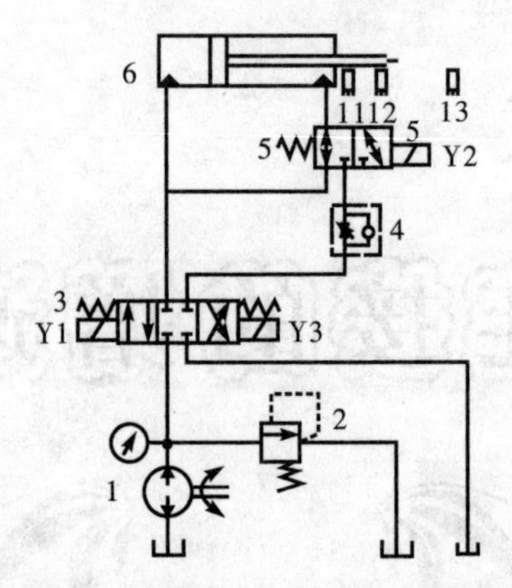

1.泵站 2.溢流阀 3.三位四通电磁阀 4.调速阀 5.二位三通电磁阀 6.液压阀

四、实验步骤

1. 了解和熟悉各液压元件的工作原理,理解液压原理图。

2. 参照回路的液压系统原理图,将安装好的元件用油管进行正确的连接,并与泵站相连。

3. 按照原理图接好液压回路,检查油路是否正确,将程序传输到 PLC 内,接近开关 11、接近开关 12、接近开关 13 插入三菱 PLC 相应的 X1、X2、X3 输入端口,电磁阀 Y1、Y2、Y3 的电磁线插入 PLC 相应的 Y1、Y2、Y3 输出端口。

4. 全部连接完毕,由老师检查无误后,接通电源,对回路进行调试:

(1) 打开安全阀(溢流阀),开启系统电源。

(2) 启动泵站电机,调节系统压力。

(3) 按下按钮 X1,使 Y1 电磁铁得电,三位四通电磁阀 3 左位工作,二位三通电磁阀 5 也同时左位工作,此时液压回路构成一个差动回路,由于无杆腔和有杆腔受力面积不一样,在同样压力的情况下,作用在无杆腔的力要远远大于作用在有杆腔的力,所以活塞杆快速向右伸出。

(4) 当缸运动到接近开关 12 时,Y2 电磁铁得电,二位三通电磁阀 5 右位工作,经过调速阀 4 回油,缸做工进运动,并且可以通过调节调速阀来调节工进的速度。

(5) 当缸运动到接近开关 13 时,Y3 电磁铁得电,电磁阀 3 右位开始工作,电磁阀 5 也右位工作,此时缸快速复位。同时可以调节溢流阀,观测系统在不同的压力情况下,液压缸的运动情况,如此反复的操作多次。

5. 实验完毕后,应先旋松溢流阀手柄,然后停止油泵工作。经确认回路中压力为零后,取下连接油管和元件,归类放入规定的抽屉中或其他地方。

6. 清理元件和液压实验台上的灰尘和油迹,并将环境卫生清理干净。

五、实验报告

实训项目							
实训目的							
所用元件	名称						
	图形符号						
	型号						
	数量						

画出所组装回路的液压原理图及电气控制原理图，并说明其工作原理。

O型中位机构 / 压力值	左	中	右
1			
2			
3			

六、实验操作过程评价表

班级：__________ 姓名：__________ 学号：________ ______年__月__日

<table>
<tr><th colspan="2" rowspan="2">评价项目及标准</th><th rowspan="2">权重(%)</th><th colspan="4">等级评定</th></tr>
<tr><th>A</th><th>B</th><th>C</th><th>D</th></tr>
<tr><td rowspan="5">操作技能</td><td>1. 液压原理图正确识读</td><td>10</td><td></td><td></td><td></td><td></td></tr>
<tr><td>2. 工作原理的简述正确性</td><td>15</td><td></td><td></td><td></td><td></td></tr>
<tr><td>3. 液压元件安装及管路连接正确性</td><td>15</td><td></td><td></td><td></td><td></td></tr>
<tr><td>4. 控制电路的连接正确性</td><td>15</td><td></td><td></td><td></td><td></td></tr>
<tr><td>5. 通电及通油能正确运行</td><td>10</td><td></td><td></td><td></td><td></td></tr>
<tr><td>实习过程</td><td>1. 液压器具及设备的规范使用情况
2. 平时出勤情况及按时完成任务情况
3. 每天对工具的整理保管及场地卫生清扫情况</td><td>15</td><td></td><td></td><td></td><td></td></tr>
<tr><td>学习态度</td><td>1. 师生互动
2. 良好的劳动习惯
3. 组员的交流、合作
4. 实践动手操作的兴趣、态度、主动积极性</td><td>10</td><td></td><td></td><td></td><td></td></tr>
<tr><td>安全文明生产</td><td>严格按《实验守则》要求穿戴好劳保防护用品，及在操作过程中注意安全，规范地使用工具</td><td>10</td><td></td><td></td><td></td><td></td></tr>
<tr><td colspan="2">合计</td><td>100</td><td colspan="4"></td></tr>
<tr><td rowspan="2">简要评述</td><td rowspan="2"></td><td>评分人</td><td colspan="4"></td></tr>
<tr><td>日期</td><td colspan="4">年 月 日</td></tr>
</table>

等级评定：A：优(10)、B：好(8)、C：一般(6)、D：有待提高(4)。

实验六

三位四通电磁阀和调速阀调速回路

一、实验目的

1. 了解和熟悉液压元器件的工作原理；
2. 熟悉三菱 PLC 软件的编程，以及继电器工作方式；
3. 加强学生的动手能力和创新能力；
4. 掌握简单液压回路的工作原理。

二、实验器材

FESTO 液压传动综合教学实验台	1台
液压泵站	1台
二位二通电磁换向阀	1只
调速阀	1只
三位四通电磁换向阀	1只
溢流阀	1只
液压缸	1个
接近开关及其支架	3套
油管、四通、压力表	若干
三菱 PLC 及控制电路	1套

三、实验原理图

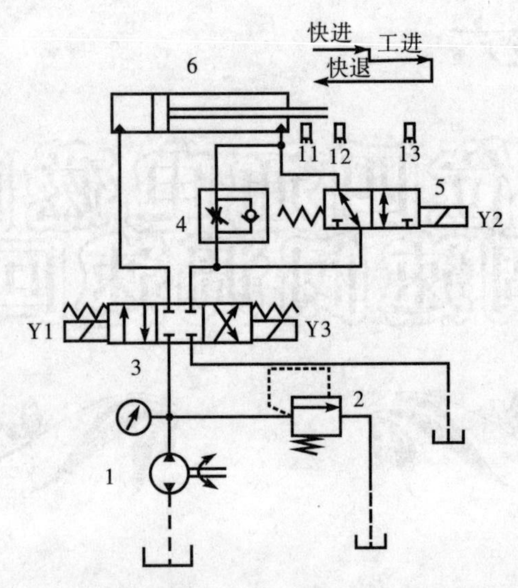

1.泵站　2.溢流阀　3.三位四通电磁阀　4.调速阀

5.二位三通电磁阀　6.液压阀

四、实验步骤

1. 熟悉该液压回路的工作原理图。

2. 参照回路的液压系统原理图，将安装好的元件用油管进行正确的连接，并与泵站相连。

3. 按照原理图连接好回路，确认回路连接无误，将程序传输到 PLC 内，接近开关 11、接近开关 12、接近开关 13 插入三菱 PLC 相应的 X1、X2、X3 输入端口，电磁阀 Y1、Y2、Y3 的电磁线插入 PLC 相应的 Y1、Y2、Y3 输出端口。

4. 全部连接完毕，由老师检查无误后，接通电源，对回路进行调试：

(1) 打开溢流阀，开启电源，启动泵站电机，调节系统压力。

(2) 按下按钮 X1，Y1 电磁铁得电，三位四通电磁阀左位开始工作，液压缸有杆腔的油直接从二位二通电磁阀快速回到油箱。

(3) 当活塞杆运动到接近开关 12 时，Y2 电磁铁得电，二位二通电磁阀 5 由常开变为常闭，回油经调速阀 4 进入油箱，液压缸做工进运动。

(4) 当活塞杆运动到接近开关 13 时，三位四通电磁阀 3 右位工作，液压缸快速复位。调节溢流阀，让回路在不同的系统压力下反复运行多次，观测它们之间的运动情况。

5. 实验完毕后，应先旋松溢流阀手柄，然后停止油泵工作。经确认回路中压力为零后，取下连接油管和元件，归类放入规定的抽屉中或其他地方。

6. 清理元件和液压实验台上的灰尘和油迹，并将环境卫生清理干净。

五、实验报告

<table>
<tr><td>实训项目</td><td colspan="7"></td></tr>
<tr><td>实训目的</td><td colspan="7"></td></tr>
<tr><td rowspan="4">所用元件</td><td>名称</td><td></td><td></td><td></td><td></td><td></td><td></td></tr>
<tr><td>图形符号</td><td></td><td></td><td></td><td></td><td></td><td></td></tr>
<tr><td>型号</td><td></td><td></td><td></td><td></td><td></td><td></td></tr>
<tr><td>数量</td><td></td><td></td><td></td><td></td><td></td><td></td></tr>
</table>

画出所组装回路的液压原理图及电气控制原理图，并说明其工作原理。

电磁铁通电状态表

电磁阀 / 液压缸工作状态	Y1	Y2	Y3
快进			
工进			
快退			

六、实验操作过程评价表

班级:________ 姓名:________ 学号:________ ____年__月__日

<table>
<tr><th colspan="2" rowspan="2">评价项目及标准</th><th rowspan="2">权重(%)</th><th colspan="4">等级评定</th></tr>
<tr><th>A</th><th>B</th><th>C</th><th>D</th></tr>
<tr><td rowspan="5">操作技能</td><td>1. 液压原理图正确识读</td><td>10</td><td></td><td></td><td></td><td></td></tr>
<tr><td>2. 工作原理的简述正确性</td><td>15</td><td></td><td></td><td></td><td></td></tr>
<tr><td>3. 液压元件安装及管路连接正确性</td><td>15</td><td></td><td></td><td></td><td></td></tr>
<tr><td>4. 控制电路的连接正确性</td><td>15</td><td></td><td></td><td></td><td></td></tr>
<tr><td>5. 通电及通油能正确运行</td><td>10</td><td></td><td></td><td></td><td></td></tr>
<tr><td>实习过程</td><td>1. 液压器具及设备的规范使用情况
2. 平时出勤情况及按时完成任务情况
3. 每天对工具的整理保管及场地卫生清扫情况</td><td>15</td><td></td><td></td><td></td><td></td></tr>
<tr><td>学习态度</td><td>1. 师生互动
2. 良好的劳动习惯
3. 组员的交流、合作
4. 实践动手操作的兴趣、态度、主动积极性</td><td>10</td><td></td><td></td><td></td><td></td></tr>
<tr><td>安全文明生产</td><td>严格按《实验守则》要求穿戴好劳保防护用品，及在操作过程中注意安全，规范地使用工具</td><td>10</td><td></td><td></td><td></td><td></td></tr>
<tr><td colspan="2">合计</td><td>100</td><td colspan="4"></td></tr>
<tr><td rowspan="2">简要评述</td><td rowspan="2"></td><td>评分人</td><td colspan="4"></td></tr>
<tr><td>日期</td><td colspan="4">年 月 日</td></tr>
</table>

等级评定:A:优(10)、B:好(8)、C:一般(6)、D:有待提高(4)。

实验七

调速阀串联的二次进给回路

一、实验目的

1. 加深理解调速回路的调节过程；

2. 理解液压系统的工作原理。

二、实验器材

FESTO 液压传动综合教学实验台	1台
三位四通电磁阀	1只
二位三通电磁阀	2只
调速阀	2只
液压缸	1个
溢流阀	1只
液压泵站	1台
接近开关及其支架	4套
油管、压力表、四通	若干
三菱 PLC 及控制电路	1套

三、实验原理图

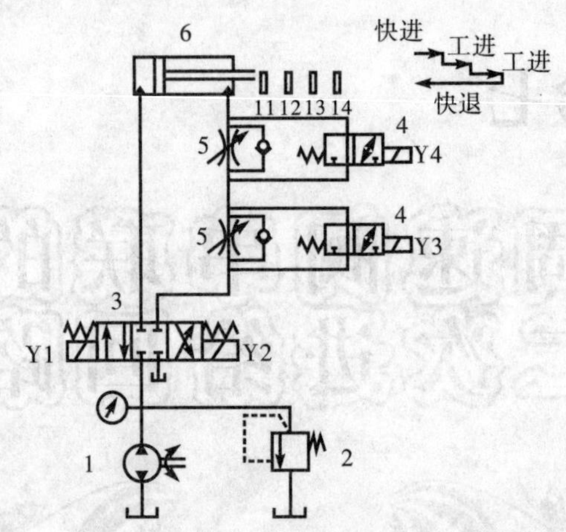

1.泵站　2.溢流阀　3.三位四通电磁阀　4.二位三通电磁阀　5.调速阀　6.液压缸

四、实验步骤

1. 理解液压实验原理图。

2. 参照回路的液压系统原理图，将安装好的元件用油管进行正确的连接，并与泵站相连。

3. 按照液压原理图接好回路，仔细检查程序无误后，将程序传输到 PLC 内，然后将接接近开关 11、接近开关 12、接近开关 13、接近开关 14 插入三菱 PLC 相应的 X1、X2、X3、X4 输入端口，电磁阀 Y1、Y2、Y3、Y4 的电磁线插入三菱 PLC 相应 Y1、Y2、Y3、Y4 输出端口。

4. 全部连接完毕，由老师检查无误后，接通电源，对回路进行调试：

(1) 打开安全阀(溢流阀)，开启总电源，启动泵站电机，然后调节溢流阀对系统进行加压。

(2) 按下按钮 X1，Y1 电磁铁开始得电，活塞杆快速伸出，当运行到接近开关 12 处，电磁阀 Y4 得电，电磁阀闭合，油必须经过其左边的调速阀，缸的运动速度明显降低，缸实现第一次工进。

(3) 当缸运行到接近开关 13 时，另一个电磁阀 Y3 得电，二位二通电磁阀均闭合，此时，油液得经过两个调速，才能回油，缸的运动速度比前次又要慢些，缸实现第二次工进。

(4) 当缸运行到接近开关 14 时，Y2 电磁铁得电，Y1、Y2、Y3 电磁铁均失电，活塞杆快速复位(假如启动循环按钮 X1 时，活塞杆运行到接近开关 11 时，Y1 电磁铁得电，液压系统进入下一个循环中)。

5. 在实验的过程中仔细观察缸的运动过程，并做好记录。

6. 实验完毕后，应先旋松溢流阀手柄，然后停止油泵工作。经确认回路中压力为零后，取下连接油管和元件，归类放入规定的抽屉中或其他地方。

7. 清理元件和液压实验台上的灰尘和油迹，并将环境卫生清理干净。

五、实验报告

<table>
<tr><td>实训项目</td><td colspan="6"></td></tr>
<tr><td>实训目的</td><td colspan="6"></td></tr>
<tr><td rowspan="4">所用元件</td><td>名称</td><td></td><td></td><td></td><td></td><td></td></tr>
<tr><td>图形符号</td><td></td><td></td><td></td><td></td><td></td></tr>
<tr><td>型号</td><td></td><td></td><td></td><td></td><td></td></tr>
<tr><td>数量</td><td></td><td></td><td></td><td></td><td></td></tr>
</table>

画出所组装回路的液压原理图及电气控制原理图，并说明其工作原理。

电磁铁通电状态表

电磁阀 液压缸压力值	Y1	Y2	Y3	Y4
快进				
一次工进				
二次工进				
快退				

六、实验操作过程评价表

班级：__________ 姓名：__________ 学号：__________ ______年__月__日

<table>
<tr><th colspan="2" rowspan="2">评价项目及标准</th><th rowspan="2">权重(%)</th><th colspan="4">等级评定</th></tr>
<tr><th>A</th><th>B</th><th>C</th><th>D</th></tr>
<tr><td rowspan="5">操作技能</td><td>1. 液压原理图正确识读</td><td>10</td><td></td><td></td><td></td><td></td></tr>
<tr><td>2. 工作原理的简述正确性</td><td>15</td><td></td><td></td><td></td><td></td></tr>
<tr><td>3. 液压元件安装及管路连接正确性</td><td>15</td><td></td><td></td><td></td><td></td></tr>
<tr><td>4. 控制电路的连接正确性</td><td>15</td><td></td><td></td><td></td><td></td></tr>
<tr><td>5. 通电及通油能正确运行</td><td>10</td><td></td><td></td><td></td><td></td></tr>
<tr><td>实习过程</td><td>1. 液压器具及设备的规范使用情况
2. 平时出勤情况及按时完成任务情况
3. 每天对工具的整理保管及场地卫生清扫情况</td><td>15</td><td></td><td></td><td></td><td></td></tr>
<tr><td>学习态度</td><td>1. 师生互动
2. 良好的劳动习惯
3. 组员的交流、合作
4. 实践动手操作的兴趣、态度、主动积极性</td><td>10</td><td></td><td></td><td></td><td></td></tr>
<tr><td>安全文明生产</td><td>严格按《实验守则》要求穿戴好劳保防护用品，及在操作过程中注意安全，规范地使用工具</td><td>10</td><td></td><td></td><td></td><td></td></tr>
<tr><td colspan="2">合计</td><td>100</td><td colspan="4"></td></tr>
<tr><td rowspan="2">简要评述</td><td rowspan="2"></td><td>评分人</td><td colspan="4"></td></tr>
<tr><td>日期</td><td colspan="4">年 月 日</td></tr>
</table>

等级评定：A：优(10)、B：好(8)、C：一般(6)、D：有待提高(4)。

实验八

顺序回路

一、实验目的

1. 了解压力控制阀的特点；
2. 掌握顺序阀的工作原理、职能符号及其运用；
3. 了解压力继电器的工作原理及职能符号；
4. 会用顺序阀或行程开关实现顺序动作回路。

二、实验器材

FESTO 液压传动综合教学实验台	1 台
换向阀(阀芯机能“O”)	1 只
顺序阀	2 只
液压缸	2 只
接近开关及其支架	2 套
溢流阀	1 只
四通油路过渡底板	3 个
压力表	2 只
液压泵站	1 台
油管	若干
三菱 PLC 及控制电路	1 套

三、实验原理图

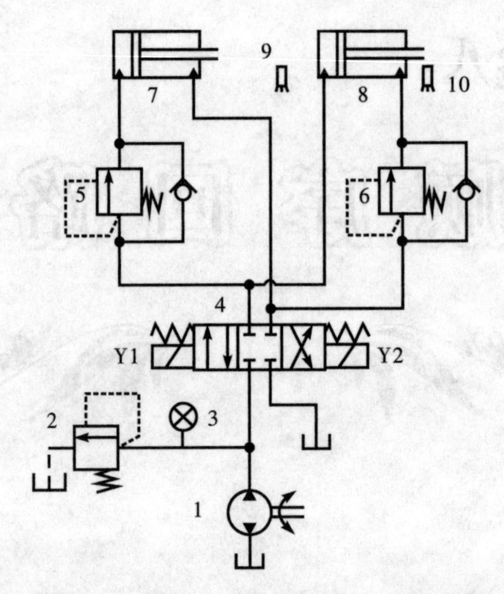

1.泵站 2.溢流阀 3.压力表 4.三位四通电磁阀

5,6.顺序阀 7,8.液压油缸 9,10.接近开关

四、实验步骤

1. 根据实验内容,设计实验所需的回路。所设计的回路必须经过认真检查,确保正确无误。

2. 按照回路要求,检查无误,选择所需的液压元件,并且检查其性能的完好性。

3. 将检验好的液压元件安装在插件板的适当位置,通过快速接头和软管按照回路要求,把各个元件(包括压力表)连接起来(注:并联油路可用多孔油路板);将电磁阀及行程开关与控制线连接。

4. 按照液压原理图接好回路,仔细检查程序无误后,将程序传输到 PLC 内,然后将接近开关 9、10 插入 PLC 相应的 X2、X3 输入端,电磁阀 Y1、Y2 的电磁线插入 PLC 相应 Y1、Y2 输出端口。

5. 全部连接完毕,由老师检查无误后,接通电源,对回路进行调试。

(1) 打开安全阀(溢流阀),开启总电源,启动泵站电机,然后调节溢流阀对系统进行加压。

(2) 按下按钮 X1,Y1 电磁铁开始得电,油缸 8 活塞杆快速伸出,伸到位后,油缸压力逐渐上升,压力达到顺序阀 5 调定值时,油缸 7 活塞杆开始伸出来,当活塞杆伸出运行到接近开关 9 处,电磁阀 Y2 得电,换向阀右端进入工作状态,油缸 7 开始收回,到达底部,油液压力继续上升，达到顺序阀 6 调定压力值，油缸 8 开始收回，到达接近开关 10 处时，发出停止信号。

6. 根据回路要求，调节顺序阀，使液压油缸左右运动速度适中。

7. 在实验的过程中，仔细观察油缸的运动过程，并做好记录。

8. 实验完毕后，应先旋松溢流阀手柄，然后停止油泵工作。经确认回路中压力为零后，取下连接油管和元件，归类放入规定的抽屉中或其他地方。

9. 清理元件和液压实验台上的灰尘和油迹，并将环境卫生清理干净。

五、实验报告

实训项目							
实训目的							
所用元件	名称						
	图形符号						
	型号						
	数量						

画出所组装回路的液压原理图及电气控制原理图，并说明其工作原理。

O 型中位机构 / 压力值	左	中	右
1			
2			
3			

六、实验操作过程评价表

班级：__________ 姓名：__________ 学号：________ _____年__月__日

<table>
<tr><th colspan="2" rowspan="2">评价项目及标准</th><th rowspan="2">权重(%)</th><th colspan="4">等级评定</th></tr>
<tr><th>A</th><th>B</th><th>C</th><th>D</th></tr>
<tr><td rowspan="5">操作技能</td><td>1. 液压原理图正确识读</td><td>10</td><td></td><td></td><td></td><td></td></tr>
<tr><td>2. 工作原理的简述正确性</td><td>15</td><td></td><td></td><td></td><td></td></tr>
<tr><td>3. 液压元件安装及管路连接正确性</td><td>15</td><td></td><td></td><td></td><td></td></tr>
<tr><td>4. 控制电路的连接正确性</td><td>15</td><td></td><td></td><td></td><td></td></tr>
<tr><td>5. 通电及通油能正确运行</td><td>10</td><td></td><td></td><td></td><td></td></tr>
<tr><td>实习过程</td><td>1. 液压器具及设备的规范使用情况
2. 平时出勤情况及按时完成任务情况
3. 每天对工具的整理保管及场地卫生清扫情况</td><td>15</td><td></td><td></td><td></td><td></td></tr>
<tr><td>学习态度</td><td>1. 师生互动
2. 良好的劳动习惯
3. 组员的交流、合作
4. 实践动手操作的兴趣、态度、主动积极性</td><td>10</td><td></td><td></td><td></td><td></td></tr>
<tr><td>安全文明生产</td><td>严格按《实验守则》要求穿戴好劳保防护用品，及在操作过程中注意安全，规范地使用工具</td><td>10</td><td></td><td></td><td></td><td></td></tr>
<tr><td colspan="2">合计</td><td>100</td><td colspan="4"></td></tr>
<tr><td rowspan="2">简要评述</td><td rowspan="2"></td><td>评分人</td><td colspan="4"></td></tr>
<tr><td>日期</td><td colspan="4">年 月 日</td></tr>
</table>

等级评定：A：优(10)、B：好(8)、C：一般(6)、D：有待提高(4)。

实验九

液压缸并联同步回路

一、实验目的

1. 了解并应用液压缸的并联同步回路及原理图；

2. 掌握液压缸同步回路的动作过程。

二、实验器材

FESTO 液压传动综合教学实验台	1台
液压泵站	1台
溢流阀	1只
二位四通电磁阀	1只
调速阀	2只
液压缸	2只
油管、压力表、四通	若干
三菱 PLC 及控制电路	1套

三、实验原理图

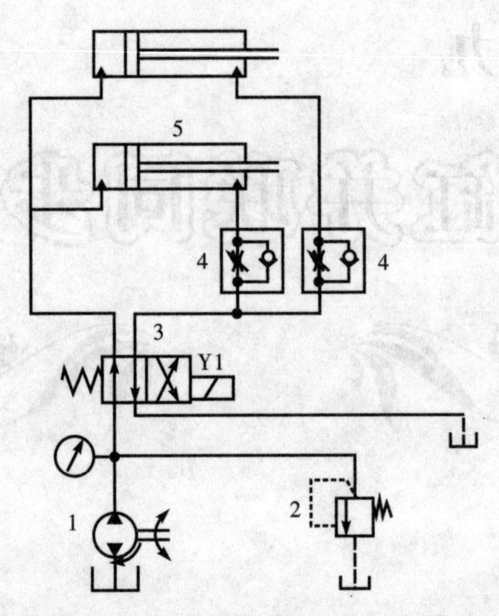

1.泵站　2.溢流阀　3.二位四通电磁阀　4.节流单向阀　5.液压缸

四、实验步骤

1. 了解和熟悉各液压元件的工作原理，看懂液压原理图。

2. 参照回路的液压系统原理图，将安装好的元件用油管进行正确的连接，并与泵站相连。

3. 看懂实验电气原理图，将 Y1 电磁线插入继电器或三菱 PLC 输出端的端口。

4. 使安全阀(溢流阀)处于开启状态，打开总电源，开启泵站电机，调节溢流阀 2，系统压力达到一定值之后，缸 5 的无杆腔开始进油，活塞杆向左运行，两缸的运动速度基本实现同步(误差在 2%～5%之内)。电磁阀 Y1 得电之后，两缸的有杆腔开始进油，活塞杆向左运行。由于两腔作用力的有效面积不一样，所以在系统压力不变的情况下，活塞杆伸出的速度比它复位的速度快。如果两缸的同步误差比较大，调节单向节流阀 4，通过调节其回油的流量来减少误差。

5. 在实验的过程中仔细观察缸的运动过程，并做好记录。

6. 实验完毕后，应先旋松溢流阀手柄，然后停止油泵工作。经确认回路中压力为零后，取下连接油管和元件，归类放入规定的抽屉中或其他地方。

7. 清理元件和液压实验台上的灰尘和油迹，并将环境卫生清理干净。

五、实验报告

实训项目							
实训目的							
所用元件	名称						
	图形符号						
	型号						
	数量						

画出所组装回路的液压原理图及电气控制原理图，并说明其工作原理。

六、实验操作过程评价表

班级:______ 姓名:______ 学号:______ ______年__月__日

评价项目及标准		权重(%)	等级评定			
			A	B	C	D
操作技能	1. 液压原理图正确识读	10				
	2. 工作原理的简述正确性	15				
	3. 液压元件安装及管路连接正确性	15				
	4. 控制电路的连接正确性	15				
	5. 通电及通油能正确运行	10				
实习过程	1. 液压器具及设备的规范使用情况 2. 平时出勤情况及按时完成任务情况 3. 每天对工具的整理保管及场地卫生清扫情况	15				
学习态度	1. 师生互动 2. 良好的劳动习惯 3. 组员的交流、合作 4. 实践动手操作的兴趣、态度、主动积极性	10				
安全文明生产	严格按《实验守则》要求穿戴好劳保防护用品,及在操作过程中注意安全,规范地使用工具	10				
合计		100				
简要评述		评分人				
		日期	年 月 日			

等级评定:A:优(10)、B:好(8)、C:一般(6)、D:有待提高(4)。

一、实验目的

1. 了解平衡回路的工作原理及工业应用；

2. 培养学生学习液压传动课程的兴趣，以及进行实际工程设计的积极性，为学生的创新设计拓宽知识面，打好一定的知识基础。

二、实验器材

FESTO 液压传动综合教学实验台	1台
换向阀(阀芯机能“O”)	1只
单向顺序阀	1只
液压缸	1只
溢流阀	1只
接近开关	2只
砝码(5 kg、10 kg)	各1个
油管	若干
四通油路过渡底板	1个
压力表	2只
油泵	1台
流量传感器	1个
三菱 PLC 及控制电路	1套

三、实验原理图

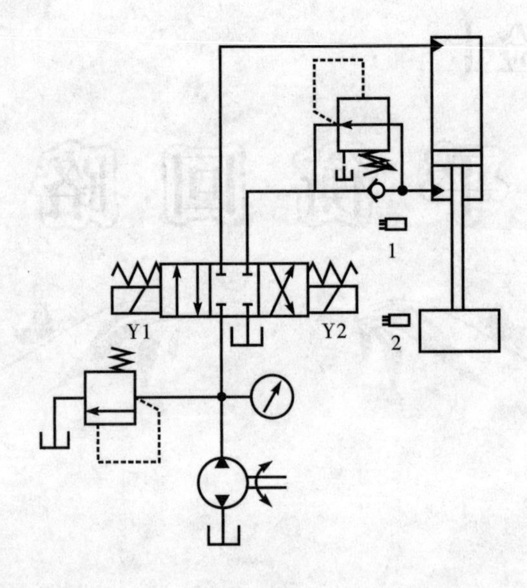

四、实验步骤

1. 根据实验内容,设计实验的基本回路。所设计的回路必须经过认真检查,确保正确无误。

2. 按照回路要求,检查无误,选择所需的液压元件,并且检查其性能的完好性。

3. 将检验好的液压元件安装在插件板的适当位置,按照回路要求,通过快速接头和软管把各个元件(包括压力表)连接起来(注:并联油路可用多孔油路板)。

4. 将电磁阀及行程开关与控制线连接。

5. 按照回路图,确认安装连接正确后,旋松泵出口自行安装的溢流阀。经过检查确认正确无误后,再启动油泵,按要求调压。不经检查,私自开机,一切后果由本人负责。

6. 系统溢流阀作安全阀使用,不得随意调整。

7. 根据回路要求,调节换向阀,使液压油缸停止在要求的位置。

8. 添加(或减少)砝码,观看平衡效果。

9. 实验完毕后,应先旋松溢流阀手柄,然后停止油泵工作。经确认回路中压力为零后,取下连接油管和元件,归类放入规定的抽屉中或其他地方。

10. 清理元件和液压实验台上的灰尘和油迹,并将环境卫生清理干净。

五、实验报告

实训项目						
实训目的						
所用元件	名称					
	图形符号					
	型号					
	数量					

画出所组装回路的液压原理图及电气控制原理图,并说明其工作原理。

O型中位机构 / 压力值	左	中	右
1			
2			
3			

六、实验操作过程评价表

班级：__________ 姓名：__________ 学号：________ ______年__月__日

<table>
<tr><td colspan="2" rowspan="2">评价项目及标准</td><td rowspan="2">权重(%)</td><td colspan="4">等级评定</td></tr>
<tr><td>A</td><td>B</td><td>C</td><td>D</td></tr>
<tr><td rowspan="5">操作技能</td><td>1. 液压原理图正确识读</td><td>10</td><td></td><td></td><td></td><td></td></tr>
<tr><td>2. 工作原理的简述正确性</td><td>15</td><td></td><td></td><td></td><td></td></tr>
<tr><td>3. 液压元件安装及管路连接正确性</td><td>15</td><td></td><td></td><td></td><td></td></tr>
<tr><td>4. 控制电路的连接正确性</td><td>15</td><td></td><td></td><td></td><td></td></tr>
<tr><td>5. 通电及通油能正确运行</td><td>10</td><td></td><td></td><td></td><td></td></tr>
<tr><td>实习过程</td><td>1. 液压器具及设备的规范使用情况
2. 平时出勤情况及按时完成任务情况
3. 每天对工具的整理保管及场地卫生清扫情况</td><td>15</td><td></td><td></td><td></td><td></td></tr>
<tr><td>学习态度</td><td>1. 师生互动
2. 良好的劳动习惯
3. 组员的交流、合作
4. 实践动手操作的兴趣、态度、主动积极性</td><td>10</td><td></td><td></td><td></td><td></td></tr>
<tr><td>安全文明生产</td><td>严格按《实验守则》要求穿戴好劳保防护用品，及在操作过程中注意安全，规范地使用工具</td><td>10</td><td></td><td></td><td></td><td></td></tr>
<tr><td colspan="2">合计</td><td>100</td><td colspan="4"></td></tr>
<tr><td rowspan="2">简要评述</td><td rowspan="2"></td><td>评分人</td><td colspan="4"></td></tr>
<tr><td>日期</td><td colspan="4">年 月 日</td></tr>
</table>

等级评定：A：优(10)、B：好(8)、C：一般(6)、D：有待提高(4)。

实验十一

液压综合实验——铣床快速进给回路

一、实验目的

1. 了解快速冲程回路；

2. 学会合理地使用止回阀；

3. 培养学生学习液压传动课程的兴趣，以及进行实际工程设计的积极性，为学生的创新设计拓宽知识面，打好一定的知识基础。

二、实验器材

液压传动综合教学实验台	1台
换向阀(阀芯机能“Y”型)	1只
手动两位四通换向阀	1只
单向顺序阀	1只
液压缸	2只
溢流阀	1只
行程换向阀	1只
单向节流阀	1只
液控单向阀	1只
调速阀	1只

油管	若干
四通油路过渡底板	1个
压力表(量程:0～10 MPa)	2只
油泵	1台
流量传感器	1个

三、实验原理图

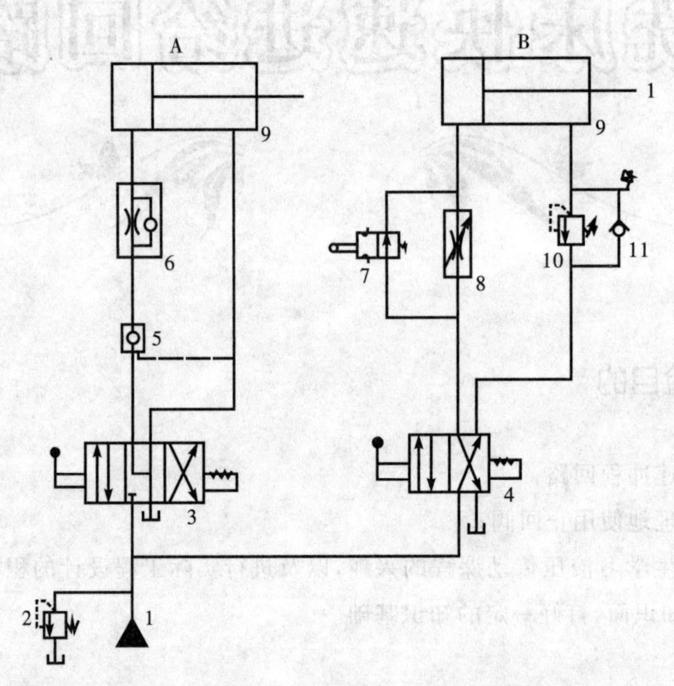

1.液压源 2.溢流阀 3.三位四通换向阀 4.二位四通换向阀 5.液压单向阀
6.单向节流阀 7.滚轮杆行程阀 8.调速阀 9.液压缸 10.顺序阀 11.单向阀

四、实验步骤

1. 根据实验内容,设计实验的基本回路。所设计的回路必须经过认真检查,确保正确无误。

2. 按照回路要求,检查无误,选择所需的液压元件,并且检查其性能的完好性。

3. 将检验好的液压元件安装在插件板的适当位置,按照回路要求,使用快速接头和软管把各个元件(包括压力表)连接起来(注:并联油路可用多孔油路板)。

4. 通过移动换向阀 3 到左位,油缸 A 的活塞杆向前冲程,换向阀 3 通过定位销留在左位位置上。

5. 转换换向阀 4，当压力达到顺序阀设定的 30 bar 时，作为前置压力阀，油缸 B 的活塞杆快速冲程，直至导杆的凸轮撞到作为限位开关的滚轮杆行程阀 7，使所有的泵排流量只能通过调节调速阀进入 B 缸左腔，B 缸活塞杆向前推进。

6. 换向阀 4 前端的顺序阀起到前置压力阀的作用。

7. 如果在加工过程中出现干扰而使油泵排流量不能正常流通，则应关闭先导控制回路，使夹紧油缸的活塞杆不至于压回去。

8. 设置单向节流阀只是在油缸 A 的活塞杆返回时产生一个控制止回阀压力（注意：在使用可解锁的控制止回阀时，应装上一个具有图示中间状态的换向阀 3，通过这个阀使通过油缸 A 的回路在静止状态时能卸荷）。

9. 系统溢流阀作安全阀使用，不得随意调整。

10. 根据回路要求，调节换向阀，使液压油缸停止在要求的位置。

实验完毕后，应先旋松溢流阀手柄，然后停止油泵工作。经确认回路中压力为零后，取下连接油管和元件，归类放入规定的抽屉中或其他地方。

五、实验报告

实训项目							
实训目的							
所用元件	名称						
	图形符号						
	型号						
	数量						

画出所组装回路的液压原理图及电气控制原理图，并说明其工作原理。

六、实验操作过程评价表

班级：__________ 姓名：__________ 学号：__________ ______年__月__日

<table>
<tr><th colspan="2" rowspan="2">评价项目及标准</th><th rowspan="2">权重(%)</th><th colspan="4">等级评定</th></tr>
<tr><th>A</th><th>B</th><th>C</th><th>D</th></tr>
<tr><td rowspan="5">操作技能</td><td>1. 液压原理图正确识读</td><td>10</td><td></td><td></td><td></td><td></td></tr>
<tr><td>2. 工作原理的简述正确性</td><td>15</td><td></td><td></td><td></td><td></td></tr>
<tr><td>3. 液压元件安装及管路连接正确性</td><td>15</td><td></td><td></td><td></td><td></td></tr>
<tr><td>4. 控制电路的连接正确性</td><td>15</td><td></td><td></td><td></td><td></td></tr>
<tr><td>5. 通电及通油能正确运行</td><td>10</td><td></td><td></td><td></td><td></td></tr>
<tr><td>实习过程</td><td>1. 液压器具及设备的规范使用情况
2. 平时出勤情况及按时完成任务情况
3. 每天对工具的整理保管及场地卫生清扫情况</td><td>15</td><td></td><td></td><td></td><td></td></tr>
<tr><td>学习态度</td><td>1. 师生互动
2. 良好的劳动习惯
3. 组员的交流、合作
4. 实践动手操作的兴趣、态度、主动积极性</td><td>10</td><td></td><td></td><td></td><td></td></tr>
<tr><td>安全文明生产</td><td>严格按《实验守则》要求穿戴好劳保防护用品，及在操作过程中注意安全，规范地使用工具</td><td>10</td><td></td><td></td><td></td><td></td></tr>
<tr><td colspan="2">合计</td><td>100</td><td colspan="4"></td></tr>
<tr><td rowspan="2">简要评述</td><td rowspan="2"></td><td>评分人</td><td colspan="4"></td></tr>
<tr><td>日期</td><td colspan="4">年 月 日</td></tr>
</table>

等级评定：A:优(10)、B:好(8)、C:一般(6)、D:有待提高(4)。

气压传动实验

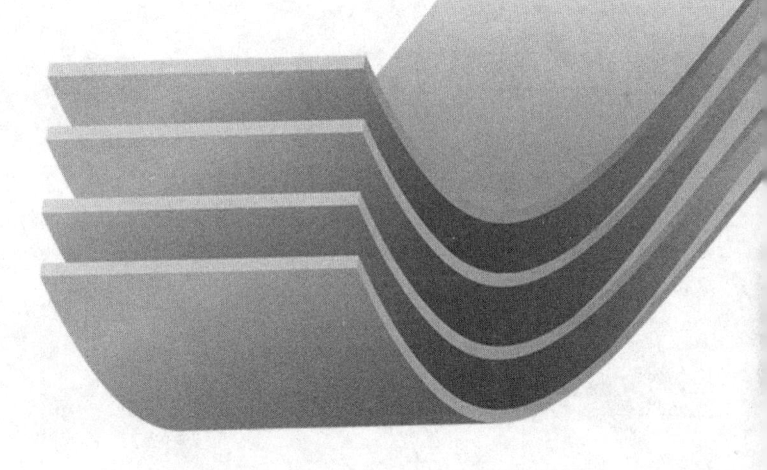

实验十二

气压互锁回路

一、实验目的

1. 掌握气动回路的气动元件及辅助元件的结构及使用性能；

2. 熟悉互锁回路的应用条件及应用场合；

3. 培养学生学习气压传动课程的兴趣,以及进行实际工程设计的积极性,为学生的创新设计拓宽知识面,打好一定的知识基础。

二、实验器材

FESTO 启动传动综合教学实验台	1 台
气压表	2 只
或门逻辑梭阀	2 只
双作用气压缸	2 个
双气控二位五通换向阀	2 只
两位三通常闭电磁阀	2 只
快速排气阀	1 只
气管	若干
油水分离器	1 个
顺序阀	1 只
空气压缩机	1 台

三、实验要求

1. 以简化形式画出不带信号示意线的位移步骤图。
2. 根据练习说明、示意图等,设计和画出系统回路图。
3. 将自己的解答方案与所提议的解相比较。
4. 在实验台上选择所需的元件。
5. 将选用的元件插在安装板上,最好是按回路图来排列放置元件。
6. 在压缩空气关掉的情况下,连接系统。
7. 接通压缩空气,并看运行是否正确(校验)。
8. 拆卸元件放置在指定的位置。

四、实验原理图

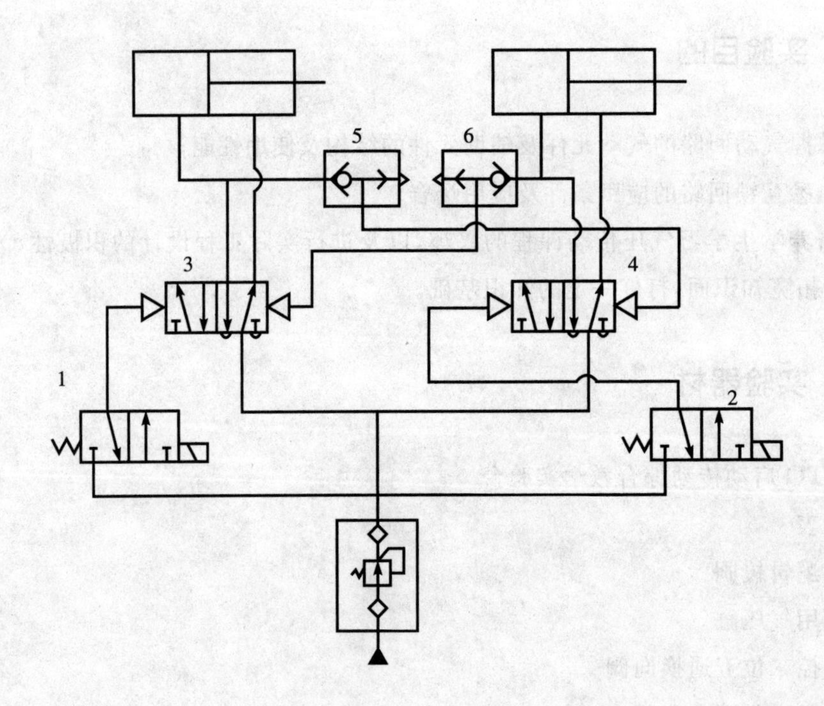

五、实验步骤

1. 根据实验内容，设计实验的基本回路。所设计的回路必须经过认真检查，确保正确无误。

2. 按照检查无误的回路要求，选择所需的气压元件，并且检查其性能的完好性。

3. 将二位三通单电磁阀换向阀的电源输入口插入相应的控制板输出口。

4. 确认连接安装正确稳妥，把三联件的调压旋钮旋松，通电，开启气泵。待泵工作正常后，再次调节三联件的调压旋钮，使回路中的压力在系统工作压力范围以内。

5. 假设初始位置气缸全部缩回，此时没有一个缸可以动作。当左边电磁阀得电时，压缩空气经左边电磁阀使双气控阀动作，左边接入。压缩空气进入左缸的左位，左缸的活塞向右边移动，同时压缩空气经或门梭阀让右边气控阀一直处于右位工作，右缸不能伸出，即使右侧电磁阀电磁铁得电活塞也不能动作，即活塞被锁住。

6. 当左边的电磁铁失电（恢复原位），右边的电磁铁换向阀得电工作时，压缩空气经过双气控阀的左位进入右缸的左腔，活塞向右移动。同时，压缩空气经或门梭阀控制左边的双气控制阀一直右位接入，左侧气缸不能伸出，从而避免了两活塞同时向右动作（右侧为负载）。

7. 实验完毕后，应先关闭截止阀。经确认回路中压力为零后，取下连接气管和元件，归类放入规定的抽屉中或其他地方。

8. 清理元件和气压实验台上的灰尘和油迹，并将环境卫生清理干净。

六、实验报告

实训项目							
实训目的							
所用元件	名称						
	图形符号						
	型号						
	数量						

画出所组装回路的气压原理图及电气控制原理图，并说明其工作原理。

七、实验操作过程评价表

班级：__________ 姓名：__________ 学号：________ ____年__月__日

评价项目及标准		权重(%)	等级评定			
			A	B	C	D
操作技能	1. 气压原理图正确识读	10				
	2. 工作原理的简述正确性	15				
	3. 气压元件安装及管路连接正确性	15				
	4. 控制电路的连接正确性	15				
	5. 通电及通油能正确运行	10				
实习过程	1. 气压器具及设备的规范使用情况 2. 平时出勤情况及按时完成任务情况 3. 每天对工具的整理保管及场地卫生清扫情况	15				
学习态度	1. 师生互动 2. 良好的劳动习惯 3. 组员的交流、合作 4. 实践动手操作的兴趣、态度、主动积极性	10				
安全文明生产	严格按《实验守则》要求穿戴好劳保防护用品，及在操作过程中注意安全，规范地使用工具	10				
合计		100				
简要评述		评分人				
		日期	年　月　日			

等级评定：A：优(10)、B：好(8)、C：一般(6)、D：有待提高(4)。

实验十三

送料装置回路

一、实验目的

1. 了解气动回路的工作原理；

2. 掌握单作用气缸的使用；

3. 掌握调理装置与多路接口器的应用；

4. 培养学生学习气压传动课程的兴趣，以及进行实际工程设计的积极性，为学生的创新设计拓宽知识面，打好一定的知识基础。

二、实验器材

FESTO 启动传动综合教学实验台	1 台
气压表	1 只
手动两位三通换向阀	2 只
单作用气压缸	1 只
快速排气阀	1 只
气管	若干
油水分离器	1 个
顺序阀	1 只
空气压缩机	1 台

三、实验要求

1. 以简化形式画出不带信号示意线的位移步骤图。
2. 根据练习说明、示意图等，设计和画出系统回路图。
3. 将自己的解答方案与标准答案相比较。
4. 在实验台上选择所需的元件。
5. 将选用的元件插在安装板上，最好是按回路图来排列放置元件。
6. 在压缩空气关掉的情况下，连接系统。
7. 接通压缩空气，观察运行是否正确（校验）。
8. 拆卸元件放置在指定的位置。

四、实验原理图

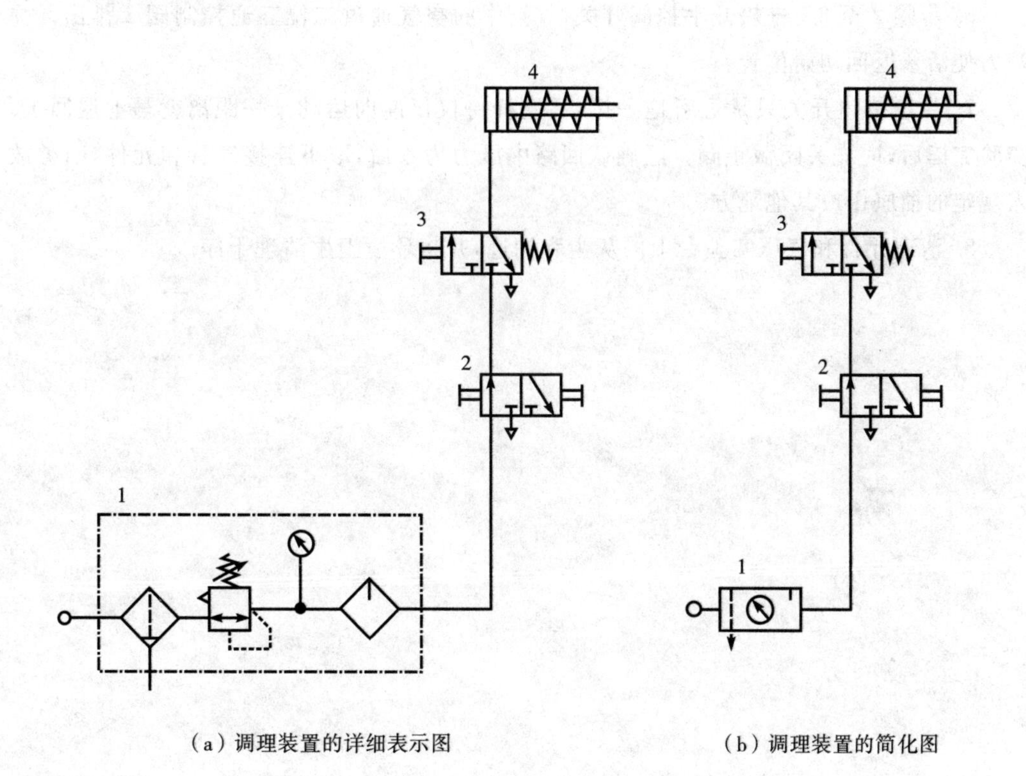

（a）调理装置的详细表示图　　（b）调理装置的简化图

五、实验步骤

1. 根据实验内容，设计实验的基本回路，所设计的回路必须经过认真检查，确保正确无误。

2. 按照检查无误的回路要求，选择所需的气压元件，并且检查其性能的完好性。

3. 调节装置以多路接口器来表示，这里多路接口器即元件 2——二位三通手动滑阀。多路接口器(8 个插口)，元件 1 是调理装置的气源符号。

4. 初始位置——气缸和阀门的初始位置可以在回路图上被确定，气缸 4 的弹簧使得活塞位于尾端，气缸中的空气通过二位三通控制阀 3 而排除。

5. 步骤 1 至 2——按下按钮开关使二位三通控制阀开通，空气被压送到气缸活塞后部，活塞前后运动，将阀门快件推出料斗，如果按钮开关继续按着，活塞杆保持在前端位置。

6. 步骤 2 至 3——松开手控阀开关，气缸中的空气通过二位三通控制阀 3 排出。弹簧力使活塞返回初始位置。

7. 注意按钮开关只是短暂地一按，活塞杆将仅仅前向运动某一距离就马上退回了。实验完毕后，应先关闭截止阀。经确认回路中压力为零后，取下连接气管和元件，归类放入规定的抽屉中或其他地方。

8. 清理元件和气压实验台上的灰尘和油迹，并将环境卫生清理干净。

六、实验报告

实训项目							
实训目的							
所用元件	名称						
	图形符号						
	型号						
	数量						

画出所组装回路的气压原理图及电气控制原理图,并说明其工作原理。

七、实验操作过程评价表

班级：__________ 姓名：__________ 学号：________ ______年__月__日

<table>
<tr><td colspan="2" rowspan="2">评价项目及标准</td><td rowspan="2">权重(%)</td><td colspan="4">等级评定</td></tr>
<tr><td>A</td><td>B</td><td>C</td><td>D</td></tr>
<tr><td rowspan="5">操作技能</td><td>1. 气压原理图正确识读</td><td>10</td><td></td><td></td><td></td><td></td></tr>
<tr><td>2. 工作原理的简述正确性</td><td>15</td><td></td><td></td><td></td><td></td></tr>
<tr><td>3. 气压元件安装及管路连接正确性</td><td>15</td><td></td><td></td><td></td><td></td></tr>
<tr><td>4. 控制电路的连接正确性</td><td>15</td><td></td><td></td><td></td><td></td></tr>
<tr><td>5. 通电及通油能正确运行</td><td>10</td><td></td><td></td><td></td><td></td></tr>
<tr><td>实习过程</td><td>1. 气压器具及设备的规范使用情况
2. 平时出勤情况及按时完成任务情况
3. 每天对工具的整理保管及场地卫生清扫情况</td><td>15</td><td></td><td></td><td></td><td></td></tr>
<tr><td>学习态度</td><td>1. 师生互动
2. 良好的劳动习惯
3. 组员的交流、合作
4. 实践动手操作的兴趣、态度、主动积极性</td><td>10</td><td></td><td></td><td></td><td></td></tr>
<tr><td>安全文明生产</td><td>严格按《实验守则》要求穿戴好劳保防护用品，及在操作过程中注意安全，规范地使用工具</td><td>10</td><td></td><td></td><td></td><td></td></tr>
<tr><td colspan="2">合计</td><td>100</td><td colspan="4"></td></tr>
<tr><td rowspan="2">简要评述</td><td rowspan="2"></td><td>评分人</td><td colspan="4"></td></tr>
<tr><td>日期</td><td colspan="4">年 月 日</td></tr>
</table>

等级评定：A：优(10)、B：好(8)、C：一般(6)、D：有待提高(4)。

实验十四

传送煤块的垂直活动支点臂机构回路

一、实验目的

1. 掌握气动回路的工作原理；

2. 掌握双作用气缸的直接启动；

3. 熟悉带定位开关，弹簧复位的二位五通控制阀的使用；

4. 培养学生学习气压传动课程的兴趣，以及进行实际工程设计的积极性，为学生创新设计拓宽知识面，打好一定的知识基础。

二、实验器材

启动传动综合教学实验台	1台
气压表	2只
节流止回阀	2只
手动两位五通换向阀	1只
双作用气压缸	1个
气管	若干
排气阀	1只
油水分离器	1只
顺序阀	1只
空气压缩机	1台

三、实验要求

1. 以简化形式画出不带信号示意线的位移步骤图。
2. 设计并画出回路图。
3. 将自己的解答方案与所提议的解相比较。
4. 建立系统。
5. 校验系统的功能。
6. 用节流止回阀调节冲程时间。
7. 在压缩空气关掉的情况下,连接系统。
8. 接通压缩空气,并看运行是否正确(校验)。
9. 拆卸元件放置在指定的位置。

四、实验原理图

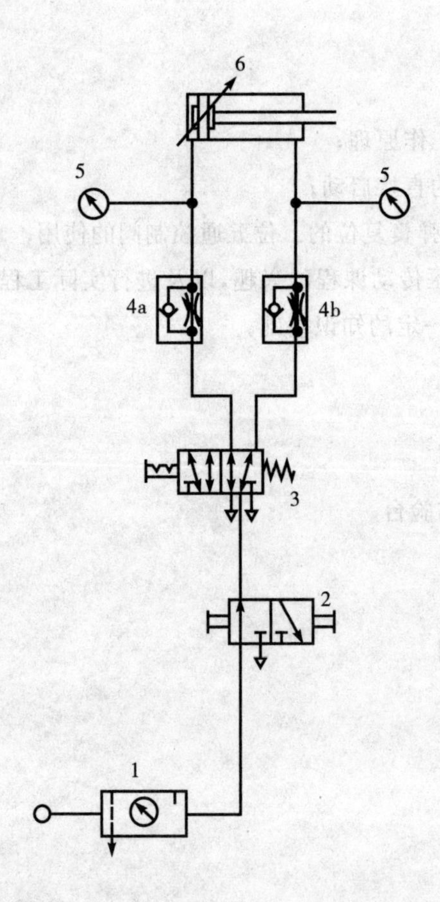

五、实验步骤

1. 根据实验内容，设计实验的基本回路，所设计的回路必须经过认真检查，确保正确无误。

2. 按照检查无误的回路要求，选择所需的气压元件，并且检查其性能的完好性。

3. 初始位置——压缩空气通过二位五通控制阀3进入气缸前端，而另一端的空气则被排空，因此气缸位置是在尾端。压力表5指示出工作压力。

4. 步骤1至2——扳动弹簧复位的二位五通控制阀3上的定位开关，气缸6缓慢地前向运动并停留在前端位置。前向运动的速度是通过装在气缸的活塞杆这一边的节流止回阀4b来调节的，由于活塞处在两个气垫之间，因此可以达到很慢的运动速度(排气节流控制)，在此期间，观察两个压力表的数值。

5. 步骤2至3——再将阀门3的定位开关扳回，气缸作回程运动。回程速度由节流止回阀4a调节设定。

实验完毕后，应先关闭截止阀。经确认回路中压力为零后，取下连接气管和元件，归类放入规定的抽屉中或其他地方。

六、实验报告

实训项目						
实训目的						
所用元件	名称					
	图形符号					
	型号					
	数量					

画出所组装回路的气压原理图及电气控制原理图，并说明其工作原理。

七、实验操作过程评价表

班级：__________　姓名：__________　学号：________　______年__月__日

评价项目及标准		权重(%)	等级评定			
			A	B	C	D
操作技能	1. 气压原理图正确识读	10				
	2. 工作原理的简述正确性	15				
	3. 气压元件安装及管路连接正确性	15				
	4. 控制电路的连接正确性	15				
	5. 通电及通油能正确运行	10				
实习过程	1. 液压器具及设备的规范使用情况 2. 平时出勤情况及按时完成任务情况 3. 每天对工具的整理保管及场地卫生清扫情况	15				
学习态度	1. 师生互动 2. 良好的劳动习惯 3. 组员的交流、合作 4. 实践动手操作的兴趣、态度、主动积极性	10				
安全文明生产	严格按《实验守则》要求穿戴好劳保防护用品，及在操作过程中注意安全，规范地使用工具	10				
合计		100				
简要评述		评分人				
		日期	年　月　日			

等级评定：A：优(10)、B：好(8)、C：一般(6)、D：有待提高(4)。

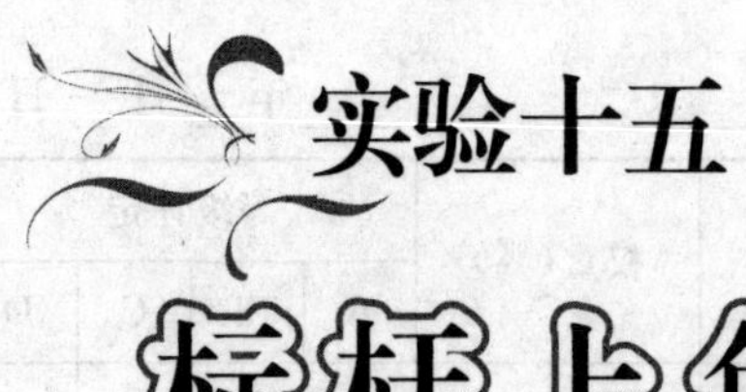

实验十五

标杆上色机气动回路

一、实验目的

1. 掌握气动回路的工作原理；

2. 掌握双作用气缸的直接启动；

3. 熟悉具有手动开关的二位五通气控双稳记忆阀的操作使用；

4. 熟悉或门梭阀的应用；

5. 培养学生学习气压传动课程的兴趣，以及进行实际工程设计的积极性，为学生的创新设计拓宽知识面，打好一定的知识基础。

二、实验器材

启动传动综合教学实验台	1台
气压表	2只
节流止回阀	2只
手动二位三通换向阀	3只
二位三通滚轮杆行程阀	1只
双作用气压缸	1个
气管	若干
或门阀(梭阀)	1只
与门阀(双压阀)	1只

带二位三通手滑阀的多路接口器	1只
空气压缩机	1台

三、实验要求

1. 以简化形式画出带信号示意线的位移步骤图。
2. 设计并画出回路图。
3. 将自己的解答方案与标准答案相比较。
4. 建立系统。
5. 校验系统的功能。
6. 在压缩空气关掉的情况下，连接系统。
7. 接通压缩空气，观察运行是否正确(校验)。
8. 拆卸元件放置在指定的位置。

四、实验原理图

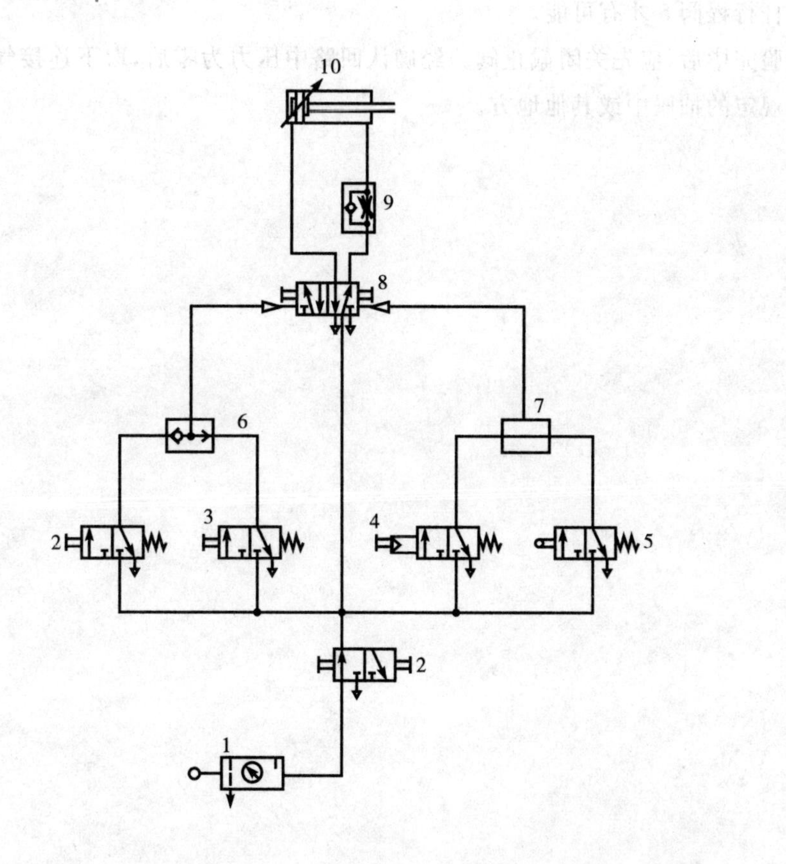

五、实验步骤

1. 根据实验内容，设计实验的基本回路，所设计的回路必须经过认真检查，确保正确无误。

2. 按照检查无误的回路要求，选择所需的气压元件，并且检查其性能的完好性。

3. 初始位置——气缸 2 的活塞杆的初始位置在尾端位置，设双气控二位五通双稳记忆阀 8 将压缩空气送入气缸的活塞杆这一端，另一端的空气则被排出。

4. 步骤 1 至 2——作为先后输入的二位三通手控阀 2 和 3 只要至少有一个的按钮开关按下了，通过或门阀 6 就能使能双稳记忆阀 8 动作，气缸活塞杆由于排气节流阀 9 的作用缓慢地前向运动，从而将标杆推向前去。当达到前端位置，活塞杆压下行程开关一滚轮杆行程阀 5，如果这时没有按钮开关被按下，气缸保持在前端位置。

5. 步骤 2 至 3——按下二位三通先导式控制阀 4 的按钮开关，双稳记忆阀换向，活塞杆迅速回程。

6. 注意按下按钮开关阀 4 使气缸发生回程动作，仅当活塞杆处于前端位置时，压下了滚轮杆行程阀 5 才有可能。

实验完毕后，应先关闭截止阀。经确认回路中压力为零后，取下连接气管和元件，归类放入规定的抽屉中或其他地方。

六、实验报告

实训项目							
实训目的							
所用元件	名称						
	图形符号						
	型号						
	数量						

画出所组装回路的气压原理图及电气控制原理图，并说明其工作原理。

七、实验操作过程评价表

班级：________ 姓名：________ 学号：______ _____年__月__日

<table>
<tr><td colspan="2" rowspan="2">评价项目及标准</td><td rowspan="2">权重(%)</td><td colspan="4">等级评定</td></tr>
<tr><td>A</td><td>B</td><td>C</td><td>D</td></tr>
<tr><td rowspan="5">操作技能</td><td>1. 气压原理图正确识读</td><td>10</td><td></td><td></td><td></td><td></td></tr>
<tr><td>2. 工作原理的简述正确性</td><td>15</td><td></td><td></td><td></td><td></td></tr>
<tr><td>3. 气压元件安装及管路连接正确性</td><td>15</td><td></td><td></td><td></td><td></td></tr>
<tr><td>4. 控制电路的连接正确性</td><td>15</td><td></td><td></td><td></td><td></td></tr>
<tr><td>5. 通电及通油能正确运行</td><td>10</td><td></td><td></td><td></td><td></td></tr>
<tr><td>实习过程</td><td>1. 气压器具及设备的规范使用情况
2. 平时出勤情况及按时完成任务
3. 每天对工具的整理保管及场地卫生清扫情况</td><td>15</td><td></td><td></td><td></td><td></td></tr>
<tr><td>学习态度</td><td>1. 师生互动
2. 良好的劳动习惯
3. 组员的交流、合作
4. 实践动手操作的兴趣、态度、主动积极性</td><td>10</td><td></td><td></td><td></td><td></td></tr>
<tr><td>安全文明生产</td><td>严格按《实验守则》要求穿戴好劳保防护用品，及在操作过程中注意安全，规范地使用工具</td><td>10</td><td></td><td></td><td></td><td></td></tr>
<tr><td colspan="2">合计</td><td>100</td><td colspan="4"></td></tr>
<tr><td rowspan="2">简要评述</td><td rowspan="2"></td><td>评分人</td><td colspan="4"></td></tr>
<tr><td>日期</td><td colspan="4">年 月 日</td></tr>
</table>

等级评定：A：优(10)、B：好(8)、C：一般(6)、D：有待提高(4)。

附录一　单位制及常用公式

液压常用计算公式

	公　　式	符号意义
重力	1 kgf＝9.807 N≈10 N	(G)：牛顿
压力(压强)	1 bar＝10^5 Pa＝0.1 MPa	(p)：帕
密度	ρ＝m/v	(ρ)：(kg/m^3)
运动黏度	$\nu=\mu/\rho$	(ν)：斯
功率	$P=pq$	(P)：瓦
液压缸面积(cm^2)	$A=\pi D^2/4$	D：液压缸有效活塞直径(cm)
液压缸速度(m/min)	$V=Q/A$	Q：流量(I/min)
液压缸需要的流量(I/min)	$Q=V\times A/10=A\times S/(10t)$	V：速度(m/min) S：液压缸行程(m) t：时间(min)
液压缸推出力(kgf)	$F=p\times A$ $F=(p\times A)-(p'\times A')$ (有背压存在时)	p：压力(kgf/cm^2)
泵或马达流量(I/min)	$Q=q\times n/1000$	q：泵或马达的几何排量(cc/rev) n：转速(rpm)
泵或马达转速(rpm)	$n=Q/q\times 1000$	Q：流量(I/min)
泵或马达扭矩(N·m)	$T=q\times p/(2\pi)$	
液压所需功率(kW)	$P=Q\times p/612$	
管内流速(m/s)	$v=Q\times 21.22/d^2$	d：管内径(mm)
管内压力降(kgf/cm^2)	$\Delta P=0.000698\times USLQ/d^4$	U：油的黏度(cst) S：油的比重 L：管的长度(m) Q：流量(I/min) d：管的内径(cm)

长　度

mm(毫米)	cm(厘米)	m(米)	in(英寸)	ft(英尺)	yd(码)
1	0.1	0.001	0.03937	0.003281	0.001094
0.1	1	0.01	0.3937	0.03281	0.01094
1000	100	1	39.37	3.281	1.0936
25.4	2.54	0.0254	1	0.08333	0.02778
304.8	30.48	0.3048	12	1	0.3333
914.4	91.44	0.9144	36	3	1

重　量

kg(公斤)	ton(公吨)	lb(磅)
1	0.001	2.20462
0.453593	0.0004536	1

面　积

m^2	cm^2	mm^2	in^2
1	10000	1000000	1550
0.0001	1	100	0.155
0.000001	0.01	1	0.00155
0.000645	6.4516129	645.1613	1

容　积

L(公升)	cc(cm^3)	gal(美制加仑)	in^3
1	1000	0.264178	61.026
0.001	1	0.000264178	0.061026
3.78533	0.0037853	1	231
0.016387	16.387	0.004329	1

力

N(牛顿)	kgf
1	0.1019716
9.80665	1

压 力

bar	kgf/cm^2	MPa	psi(lb/in^2)
1	1.0197162	0.1	14.5
0.980665	1	0.0980665	14.22
10	10.197162	1	145.03263
0.06895	0.7031	0.006895	1

力 矩

N·m	kgf·m	lb·in
1	0.1019716	8.85072
9.80665	1	86.79589
0.112985	0.0115213	1

力

kW	HP
1	1.3404826
0.746	1

动力黏度

m^2/s	cSt(mm^2/s)	St(cm^2/s)
1	1 000 000	10 000
0.000001	1	0.01
0.0001	100	1

附录二　常用液压图形符号(摘自 GB/T 786.1—2009)

1. 液压泵、液压马达和液压缸

	名称	符号	说明		名称	符号	说明
液压泵	液压泵		一般符号	双作用缸	不可调单向缓冲缸		详细符号
	单向定量液压泵		单向旋转、单向流动、定排量				简化符号
	双向定量液压泵		单向旋转、单向流动、定排量		可调单向缓冲缸		详细符号
	单向变量液压泵		单向旋转、单向流动、变排量				简化符号
	双向变量液压泵		双向旋转、双向流动、变排量		不可调双向缓冲缸		详细符号
液压马达	液压马达		一般符号				简化符号
	单向定量液压马达		单向流动，单向旋转		可调双向缓冲缸		详细符号
	双向定量液压马达		双向流动，双向旋转，定排量				简化符号

续表

名称		符号	说明	名称		符号	说明
液压马达	单向变量液压马达		单向流动，单向旋转，变排量	双缸作用	伸缩缸		
	双向变量液压马达		双向流动，双向旋转，变排量	压力转换器	气-液转换器		单程作用
	摆动马达		双向摆动，定角度				连续作用
泵—马达	定量液压马达		单向流动，单向旋转，定排量		增压器	X Y	单程作用
	变量液压马达		双向流动，双向旋转，变排量，外部泄油			XY	连续作用
	液压整体式传动装置		单向旋转，变排量泵，定排量马达		蓄能器		一般符号
单作用缸	单活塞杆缸		详细符号	蓄能器	气体隔离式		
			简化符号		重锤式		
	单活塞杆缸（带弹簧复位）		详细符号		弹簧式		
			简化符号	辅助气瓶			

续表

名称		符号	说明	名称		符号	说明
单作用缸	柱塞缸			气罐			
	伸缩缸			能量源	液压源		一般符号
双作用缸	单活塞杆缸		详细符号		所压源		一般符号
			简化符号		电动机		
	双活塞杆缸		详细符号		原动机		电动机除外
			简化符号				

2. 机械控制装置和控制方法

名称		符号	说明	名称		符号	说明
机械控制件	直线运动的杆		箭头可省略	先导压力控制方法	液压先导控制		内部压力控制
	旋转运动的轴		箭头可省略		液压先导加压控制		外部压力控制
	定位装置				液压二级先导加压控制		内部压力控制，内部泄油

续表

名称		符号	说明	名称		符号	说明
机械控制件	锁定装置	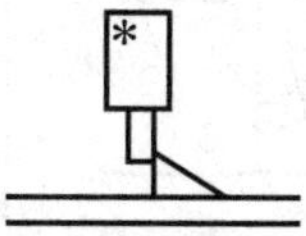 *	*为开锁的控制方法	先导压力控制方法	气-液先导加压控制	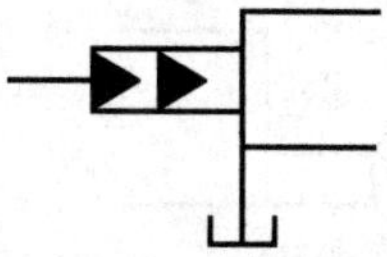	气压外部控制，液压内部控制，外部泄油
	弹跳机构	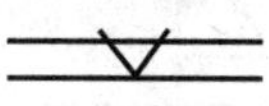			电-液先导加压控制	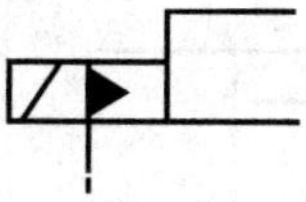	液压外部控制，内部泄油
机械控制方法	顶杆式	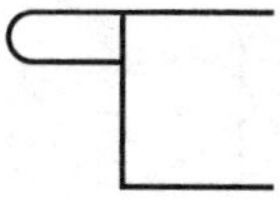			液压先导卸压控制	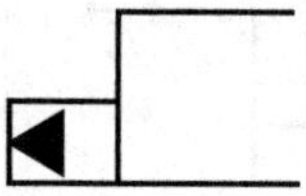	内部压力控制，内部泄油
	可变行程控制式	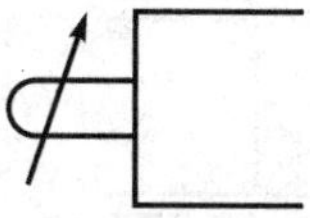				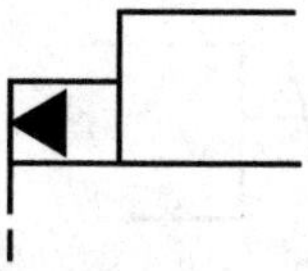	外部压力控制（带遥控泄放口）
	弹簧控制式	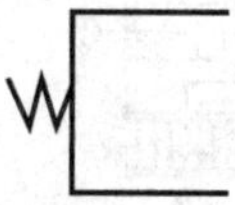			电-液先导控制	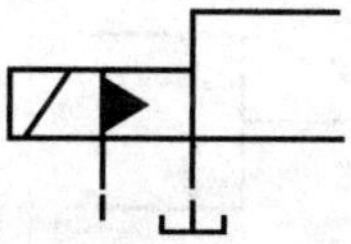	电磁铁控制、外部压力控制，外部泄油
	滚轮式	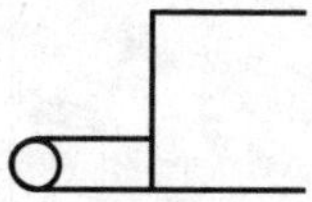	两个方向操作		先导型压力控制阀	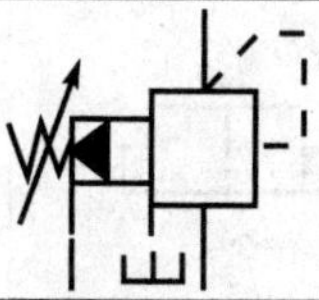	带压力调节弹簧，外部泄油，带遥控泄放口
	单向滚轮式	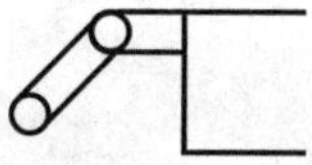	仅在一个方向上操作，箭头可省略		先导型比例电磁式压力控制阀	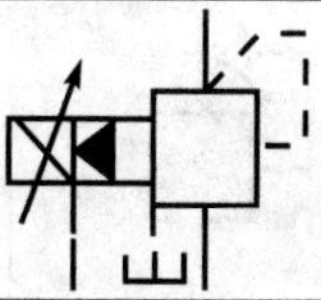	先导级由比例电磁铁控制，内部泄油
人力控制方法	人力控制	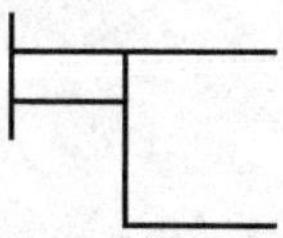	一般符号	电气控制方法	单作用电磁铁	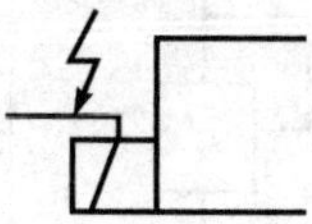	电气引线可省略，斜线也可向右下方
	按钮式	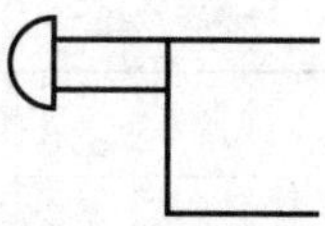			双作用电磁铁	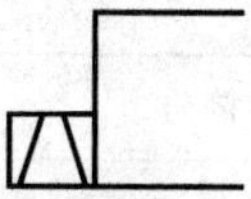	
	拉钮式	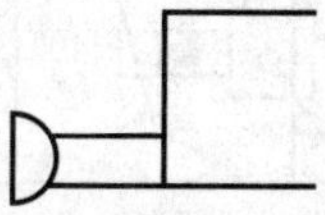			单作用可调电磁操作（比例电磁铁，力马达等）	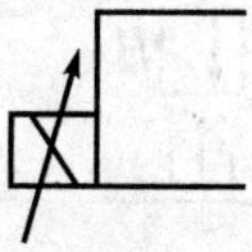	

续表

名称		符号	说明	名称		符号	说明
人力控制方法	按-拉式			电气控制方法	双作用可调电磁操作(力矩马达等)		
	手柄式				旋转运动电气控制装置	M	
	单向踏板式			反馈控制方法	反馈控制		一般符号
	双向踏板式				电反馈		有电位器、差动变压器等检测位置
直接压力控制方法	加压或卸压控制				内部机械反馈		如随动阀仿形控制回路等
	差动控制	2 1					
	内部压力控制	45°	控制通路在元件内部				
	外部压力控制		控制通路在元件外部				

3. 压力控制阀

名称		符号	说明	名称		符号	说明
溢流阀	溢流阀		一般符号或直动型溢流阀	减压阀	先导型比例电磁式溢流减压阀		

续表

名称		符号	说明	名称		符号	说明
溢流阀	先导型溢流阀	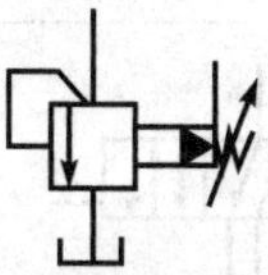		减压阀	定比减压阀	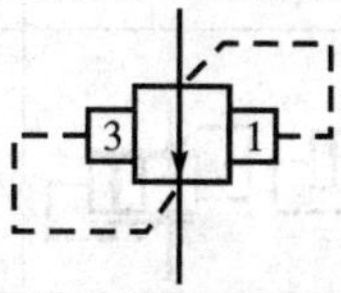 3 1	减压比 1/3
	先导型电磁溢流阀	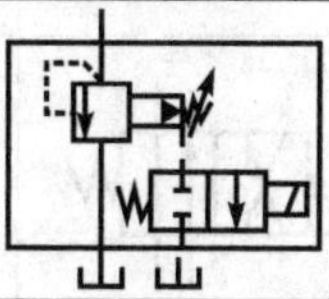	（常闭）		定差减压阀	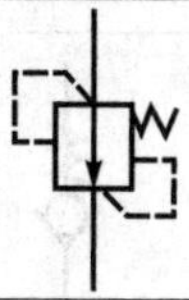	
	直动式比例溢流阀	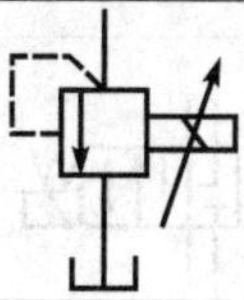		顺序阀	顺序阀	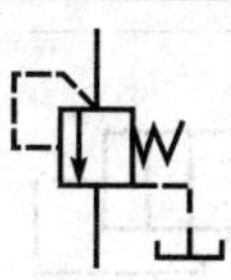	一般符号或睦动型顺序阀
	先导比例溢流阀	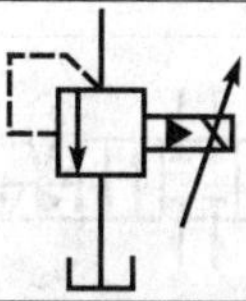			先导型顺序阀	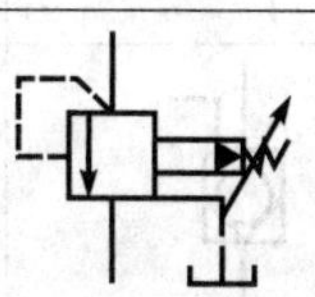	
	卸荷溢流阀	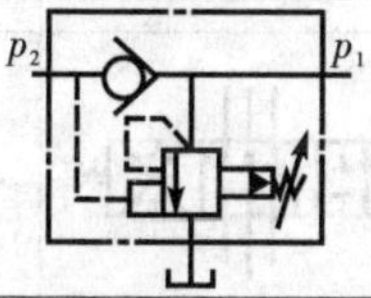 p_2 p_1	$p_1>p_2$时卸荷		单向顺序阀(平衡阀)	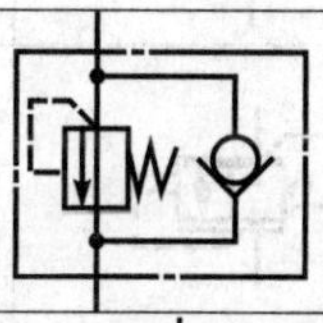	
	双向溢流阀	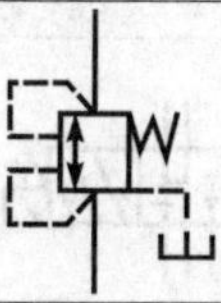	直动式，外部泄油	卸荷阀	卸荷阀	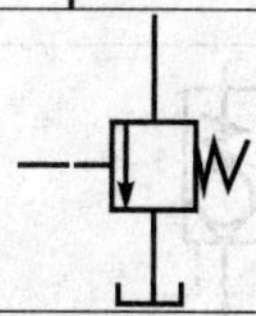	一般符号或直动型卸荷阀
减压阀	减压阀		一般符号或直动型减压阀		先导型电磁卸荷阀	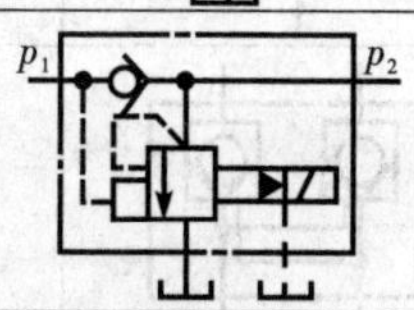 p_1 p_2	$p_1>p_2$
	先导型减压阀	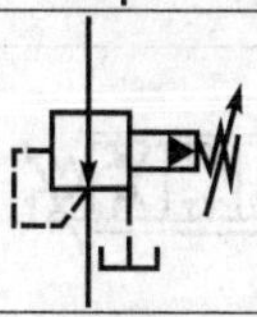		制动阀	双溢流制动阀	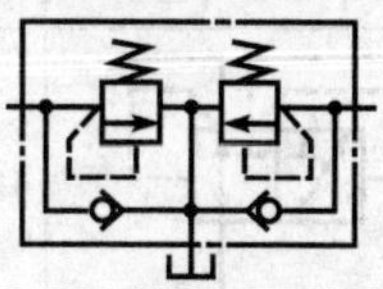	
	溢流减压阀	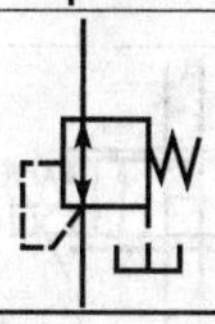			溢流油桥制动阀	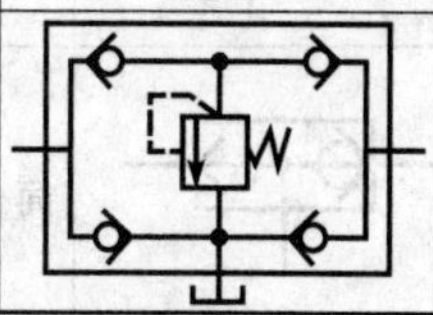	

4. 方向控制阀

名称		符号	说明	名称		符号	说明
单向阀	单向阀	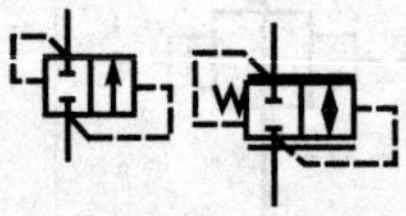	详细符号	换向阀	二位五通液动阀	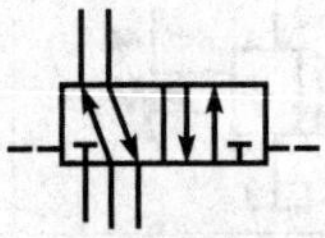	
		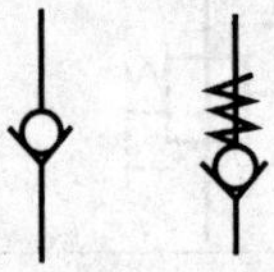	简化符号（弹簧可省略）		二位四通机动阀	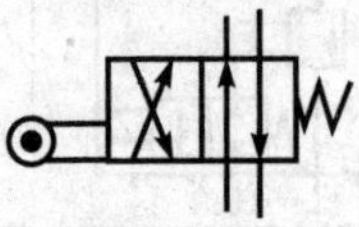	
液压单向阀	液控单向阀	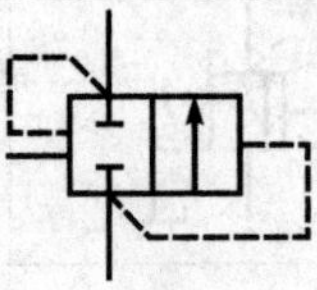	详细符号（控制压力关闭阀）		三位四通电磁阀		
			简化符号		三位四通电液阀	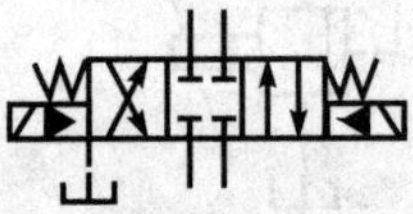	简化符号（内控外泄）
		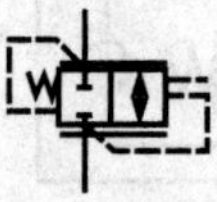	详细符号（控制压力打开阀）		三位六通手动阀		
			简化符号（弹簧可省略）		三位五通电磁阀		
	双液控单向阀	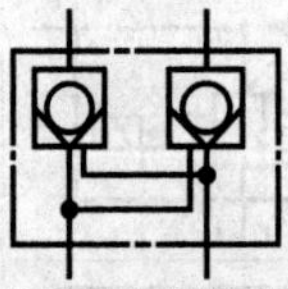			三位四通电液阀	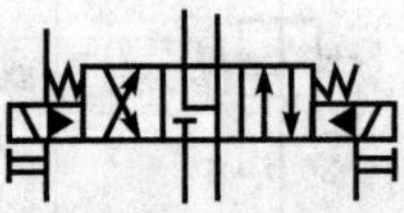	外控内泄（带手动应急控制装置）
梭阀	或门型	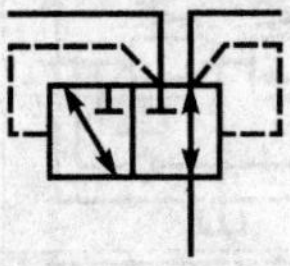	详细符号		三位四通比例阀	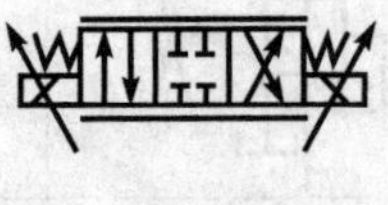	节流型，中位正遮盖
		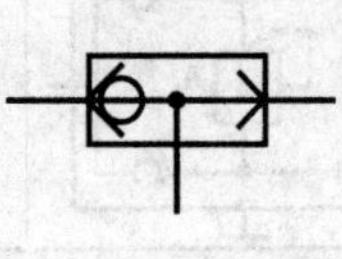	简化符号		三位四通比例阀	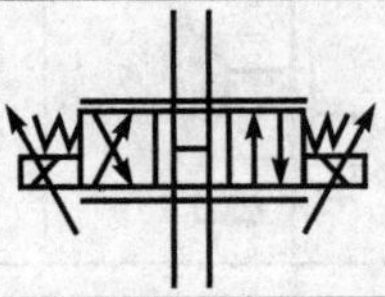	中位负遮盖

续表

名称		符号	说明	名称		符号	说明
换向阀	二位二通电磁阀	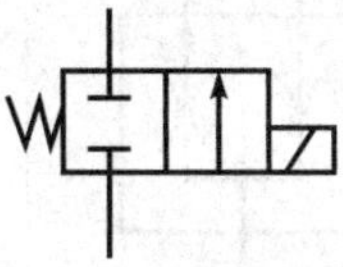	常断	换向阀	二位四通比例阀	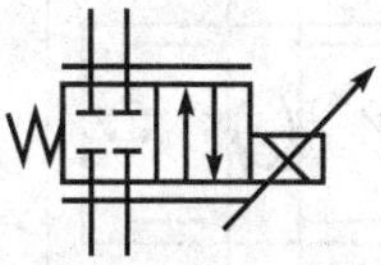	
		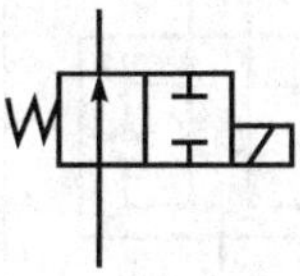	常通		四通阀伺服	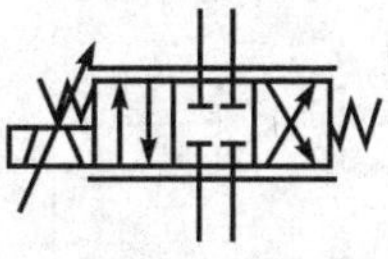	
	二位三通电磁阀	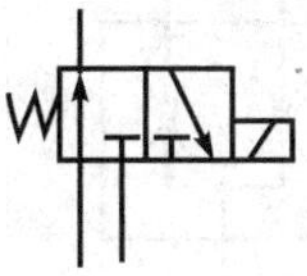			四通电液伺服阀	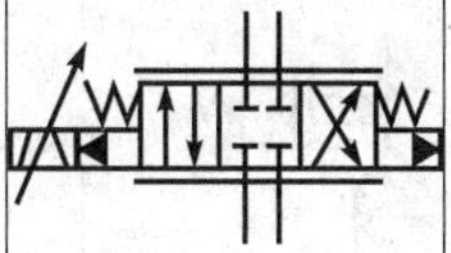	二级
	二位三通电磁球阀	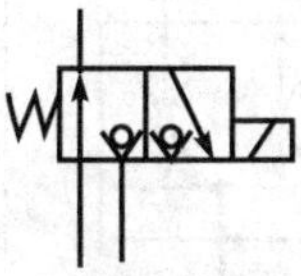				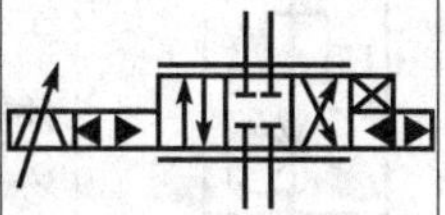	带电反馈三级
	二位四通电磁阀	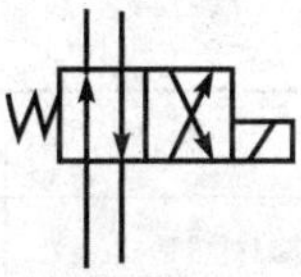					

5. 流量控制阀

名称		符号	说明	名称		符号	说明
节流阀	可调节流阀	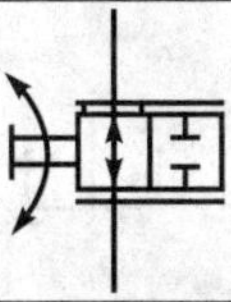	详细符号	调节阀	调速阀		简化符号
		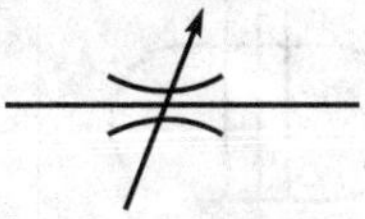	简化符号		旁通型调速阀		简化符号
	不可调节流阀	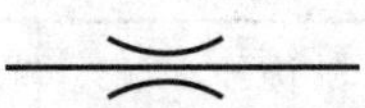	一般符号		温度补偿型调速阀		简化符号
	单向节流阀	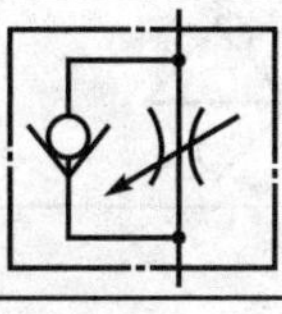			单向调速阀	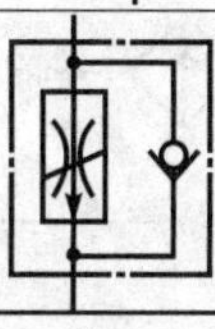	简化符号

续表

名称		符号	说明	名称		符号	说明
节流阀	双单向节流阀			同步阀	分流阀		
	截止阀				单向分流阀		
	滚轮控制节流阀（减速阀）				集流阀		
调速阀	调速阀		详细符号		分流集流阀		

6. 油箱

名称		符号	说明	名称		符号	说明
通大气式	管端在液面上			油箱	管端在油箱底部		
	管端在液面下		带空气过滤器		局部泄油或回油		
				加压油箱或密闭油箱			三条油路

7. 流体调节器

名称		符号	说明	名称	符号	说明
过滤器	过滤器		一般符号	空气过滤器		

续表

名称		符号	说明	名称		符号	说明
过滤器	带污染指示器的过滤器		一般符号	温度调节器			
	磁性过滤器			冷却器	冷却器		一般符号
	带旁通阀的过滤器				带冷却剂管路的冷却器		
	双筒过滤器	P_2 P_1	p_1:进油 p_2:回油	加热器			一般符号

8. 检测器、指示器

名称		符号	说明	名称		符号	说明
压力检测器	压力指示器			流量检测器	检流计（液流指示器）		
	压力表（计）				流量计		
	电接点压力表（压力显控器）				累计流量计		
	压差控制表			温度计			

续表

名称	符号	说明	名称	符号	说明
液位计	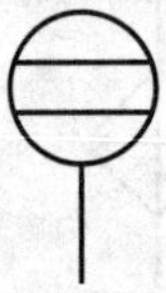		转速仪	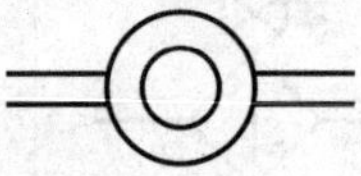	
			转矩仪	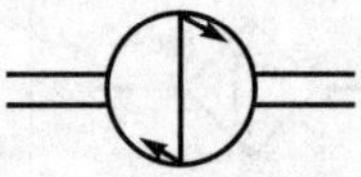	

9. 其他辅助元器件

名称	符号	说明	名称	符号	说明
压力继电器（压力开关）	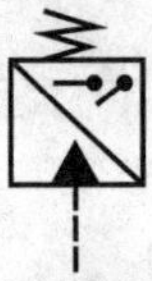	详细符号	压差开关	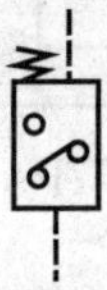	
	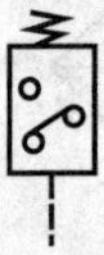	一般符号	传感器 传感器	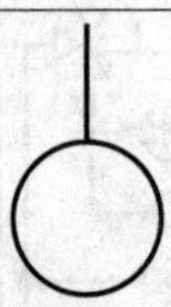	一般符号
行程开关	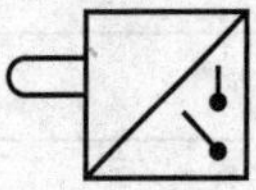	详细符号	传感器 压力传感器	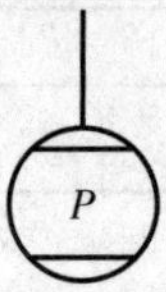	
	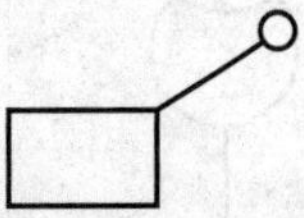	一般符号	传感器 温度传感器	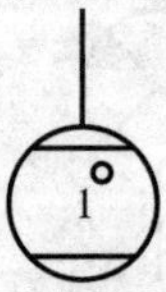	
联轴器 联轴器	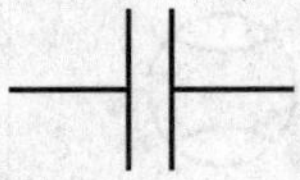	一般符号	放大器	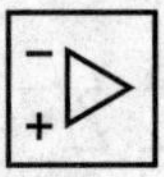	
联轴器 弹性联轴器	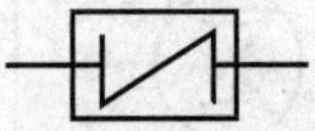				

10. 管路、管路接口和接头

名称		符号	说明	名称		符号	说明
管路	管路		压力管路 回油管路	管路	交叉管路		两管路 交叉不连接
	连接管路		两管路 相交连接		柔性管路		
	控制管路		可表示 泄油管路		单向放气装置（测压接头）		
快换接头	不带单向阀的快换接头			旋转接头	单通路旋转接头		
	带单向阀的快换接头				三通路旋转接头		

参 考 文 献

[1] 刘延俊,关浩,周德繁.液压与气压传动[M].北京:高等教育出版社,2007.
[2] 路甬祥.液压气动技术手册[M].北京:机械工业出版社,2007.
[3] 韩学军,宋锦春,陈立新.液压与气压传动教程[M].北京:冶金工业出版社,2008.
[4] 左健民.液压与气压传动[M].4版.北京:机械工业出版社,2007.